发现全球变暖

变暖

—增订版—

The Discovery of
Global Warming
Revised and Expanded Edition

[美]
斯潘塞·沃特
(Spencer Weart)
著

李虎
译

中国科学技术出版社
·北 京·

THE DISCOVERY OF GLOBAL WARMING: Revised and Expanded Edition
by Spencer R. Weart
Copyright © 2003, 2008 by Spencer R. Weart
Published by arrangement with Harvard University Press
through Bardon-Chinese Media Agency
Simplified Chinese translation copyright © 2023
by China Science and Technology Press Co., Ltd.
ALL RIGHTS RESERVED

北京市版权局著作权合同登记 图字：01-2022-5725。

图书在版编目（CIP）数据

发现全球变暖：增订版 /（美）斯潘塞·沃特
（Spencer Weart）著；李虎译 . -- 北京：中国科学技
术出版社，2023.6
书名原文：The Discovery of Global Warming
ISBN 978-7-5046-9927-5

Ⅰ . ①发… Ⅱ . ①斯… ②李… Ⅲ . ①全球变暖
Ⅳ . ① X16

中国国家版本馆 CIP 数据核字（2023）第 032333 号

策划编辑	方　理	责任编辑	刘　畅
封面设计	仙境设计	版式设计	蚂蚁设计
责任校对	邓雪梅	责任印制	李晓霖

出　版	中国科学技术出版社
发　行	中国科学技术出版社有限公司发行部
地　址	北京市海淀区中关村南大街 16 号
邮　编	100081
发行电话	010-62173865
传　真	010-62173081
网　址	http://www.cspbooks.com.cn

开　本	880mm×1230mm　1/32
字　数	176 千字
印　张	9.125
版　次	2023 年 6 月第 1 版
印　次	2023 年 6 月第 1 次印刷
印　刷	大厂回族自治县彩虹印刷有限公司
书　号	ISBN 978-7-5046-9927-5/X・151
定　价	69.00 元

（凡购买本社图书，如有缺页、倒页、脱页者，本社发行部负责调换）

目录

引言

　　有一天，在研读关于气候变化可能性的科学论文之后，我决定走路回家。路上注意到沿街林立的优雅枫树，我不由自主地思忖它们是否已靠近了其生存边界的最南端。突然间，我脑海中浮现出一幅画面，我看到——枫树死了——被全球变暖斫倒了。

　　本书是关于科学家如何产生这种想象的历史——气候变化科学的历史。这是一部希望之书。它讲述了寥寥几人，通过聪明才智和坚韧不拔的毅力，在任何后果彰显之前，就得以理解一个严重问题的故事。它讲述了还有很多人，一反人类长久以来总是等到火烧眉毛时方采取行动的恶习，开始寻求解决方案的故事。通过合理的努力，的确有办法把全球变暖控制在一个可以接受的范围内。我发现，大街上的树木是红枫，这是一种适应力很强的物种，如果我们迅速采取适当的行动，那么它们是能够生存下来的。

　　未来我们可能采取的行动，并不是我的话题。本书是一部关于我们如何得以理解当前处境的历史。这是一部英雄史诗，反映了成千上万的人一个世纪以来的奋斗历程。对有些人来说，这项事业需要以身犯险的勇气，比如在冰雪荒原上冒冻伤四肢的危险，或者在公海大洋里冒失去生命的危险。对另一些人来说，则需要更精巧的勇气。他们以几十年的辛苦工作为赌注，希望赢得机会，得出有用的发现；而他们宣布自己的发现的时候，也同样以自己的名誉做赌注。即便他们在绞尽脑汁探索问题的时候（很多问题后来被证明是无法解决的），他们也仍然要分出心来，应对令人筋疲力尽的行政管理问题，为这项巨大的任务争取支持。少数人把战斗推上了公共舞台，结果得到的责备多于赞扬。虽然有这么多戏剧性，但是，在这 100 年中大部分的岁月里，为弄清人类可能在怎样改变天气所做的努力是默默无闻的。从事这项工作的人很少，几乎不为任何人所知。即便是今天，大多数科学家的工作仍然不为世人所知。但是，对于我们文明的未来而言，他们的故事和任何政治史、战争史同样重要。

如果一位检查员告诉你，他发现你的房间里有白蚁，屋顶有一天会塌下来，这时，你还不立即采取行动的话，你就是个傻瓜。然而全球变暖的发现从来不是这么明显的。1896 年，一位孤独的瑞典科学家曾发现了全球变暖（作为一种理论概念），但其他科学家大多称其难以置信。20 世纪 50 年代，美国加利福尼亚州的几位科学家曾发现全球变暖（作为一种可能）——一种在遥远的将来可能碰到的危险。2001 年，一个非凡的组织动员了全球成千上万科学家真正发现了全球变暖——这种现象对天气的影响已然可以观测到了，而且有可能变得更糟。这就是"白蚁检查员的报告"！但是，全球变暖只是堆积如山的报告文件中的一项而已，其中充满了不确定性和困惑，许多人心里仍然拿不准——自己需要做点儿什么吗？

艰难的决定在等着我们去做出。我们对全球变暖的反应将会影响我们的个人福祉，影响人类社会的演进，事实上将影响我们星球上所有的生命。本书的目的之一，就是通过解释我们如何走到今天这种处境，从而帮助读者理解我们的处境。只有追踪科学家以前如何从气候变化的不确定性中开辟道路，我们才能做好准备来评判他们当下的言论。并且，我们能更好地理解在科学家有发言权的事务中的处理方法。

科学家是如何得出可靠的结论的？关于"发现"，我们熟悉的理解来自传统的核心科学（如物理学、生物学），其意味着由观察、思考、实验构成的有序的"进步"。我们喜欢把这种进步的结果想象为得到一个答案——一个关于自然过程的清楚陈述。这种传统逻辑顺序不适合对气候变化这种跨学科的研究进行描述（其实也往往不能适当地描述传统的核心科学）。发现全球变暖的故事并不像一次专业的行军，而更像是多个分散的群体在一片广袤原野上漫游。成千上万的人辛苦工作，他们的研究偶尔会告诉我们关于气候变化的某些蛛丝马迹。许多科学家几乎不知道彼此的存在。在这里，我们发现一位计算机高手在计算冰川的移动；在那里，一位实验员在转台上旋转盛水的转盘；而在另一边，一个研究生正在用针从一摊淤泥中挑拣小壳体。研究这种科学时，各专业都只能了解某个侧面，这在科学家努力理解日趋复杂的课题时非常普遍。

气候研究错综复杂的性质，反映了大自然本身的特性。地球的气候系统是如此复杂，不可约简，以至于我们永远不能像掌握物理定律那样完全地把握它。这些不确定性，影响了气候科学和政策制定之间的关系。关于气候变化的争论，可以像关于福利金的社会后果的争论一样，令人困惑不已。为了应对这个问题，气候学家创立了卓越的新政策机制。本书的另一个目的正是对这种科学和社会之间的联系进行大体上的探索。

本书是 2003 年出版的同名书的增订版。自 2003 年以来，科学上和政治上发生了很大的变化，所以我把最后一章扩展为两章。其他各章也都反映了对科学和历史理解的提升。为了保持本书的简短，我删减了一些内容，因篇幅有限、包罗众多而造成的省略与精简在本版显得更加突出。本书其实是我本人真正的学术工作的一个压缩版本——完整版是一个有大约 40 篇论文的网站（http：//www.aip.org/history/climate），包含的资料是本书的 5 倍，提供了更多特色案例和涉及的 2000 多种出版物，每年都有更新。

本书承蒙美国物理联合会的支持，美国国家科学基金的科技研究项目和艾尔福德·P. 斯隆（Alfred P. Sloan）基金会的资助。众多科学家和历史学家慷慨地接受了我的采访，他们有的人向我提供广泛的评论，有的人给我提供查找文献的便利。这些帮助是不可或缺的。他们是荒川昭夫（Akio Arakawa）、华莱士·布勒克（Wallace Broecker）、柯克·布赖恩（Kirk Bryan）、里德·布赖森（Reid Bryson）、罗伯特·查尔森（Robert Charlson）、约翰·埃迪（John Eddy）、P. 爱德华兹（P. Edwards）、T. 菲尔德曼（T. Feldman）、J. 弗利格尔（J. Fleagle）、詹姆斯·弗莱明（James Fleming）、詹姆斯·汉森（James Hansen）、查尔斯·戴维·基林（Charles David Keeling）、真锅淑郎（Sgukuro Manabe）、约瑟夫·斯马格林斯基（Joseph Smagorinsky）和罗伯特·M. 怀特（Robert M. White）。

第 1 章
气候, 怎么会改变?

从古到今，人们总是在谈论天气。但是在 20 世纪 30 年代，这个话题发生了不同寻常的转变。老人们开始坚持说，天气真的不像以前了。他们童年记忆里 19 世纪 90 年代骇人的暴风雪、早秋时节冰封的湖面，这一切都结束了。年青一代赶上了好天气。大众媒体上开始涌现文章，宣称冬天真的变得温和了。气象学家仔细查看了自己的记录，证实了这种说法：暖化的趋势来了。专家们告诉科学记者说，霜冻晚了，几百年来都不曾见过小麦和鳕鱼的北部地区，现在却可以收获小麦、捕获鳕鱼了。正如《时代》杂志在 1939 年所言："年纪大的人说自己小时候的冬天更冷，他们很对……起码就目前来说，世界是在变暖，搞气象的人对此已经确信不疑。"[1]

没有人为这种变化担忧。气象学家的解释是，天气模式的适度变化总是存在的，其周期可长达几十年或者几百年。如果 20 世纪中期恰好是一个变暖时期，那还不赖呢。1950 年一篇典型的大众文章向人们许诺："新的、广阔的粮田将被开垦出来。"诚然，如果变暖持续下去，可能会出现新的沙漠；海平面上升可能会淹没海滨城市——出现"另一次大洪水，就像《圣经》中记载的大灾难一样"[2]，但所有这些，都仅仅是关于遥远未来的多种推测而已。许多职业气象学家则怀疑所谓的"全球性变暖的趋势"是否真的存在。他们看到的不过是正常的、暂时的、地区性的波动。一篇杂志报道解释说：如果真有变暖趋势，"气象学家并不知道目前的变暖趋势将会持续 20 年还是 2 万年"。[3] 1952 年 8 月 10 日的《纽约时报》评论说：30 年后，人们可能会对 20 世纪 50 年代的暖冬心生向往。

专家们的这种共识遭到了一个人的挑战。1938 年，盖伊·斯图尔特·卡伦德（Guy Stewart Callendar）挺身而出，在伦敦的皇家气象学会发言，谈论气候。卡伦德有点越俎代庖，因为他并不是职业气象学家，甚至也称不上是科学家。他只是一名蒸汽动力工程师。研究气候是他的业余爱好，他把大量业余时间用于汇集气象统计数据。他比任何人都更彻底地确认这些数据的确表明地球上许多地方在变暖。现在，卡伦德告诉气象学家，他知道谁应该为变暖负责——是我们，是人类的工业！我们到处燃烧化石燃料，排放出千百万吨的二氧化碳，而正是二氧化碳在改变着气候。[4]

这种想法并不新鲜，因为 19 世纪，基础物理学已经成形。19 世纪初期，法国科学家约瑟夫·傅里叶（Joseph Fourier）曾经问自己：是什么因素决定了像地球这种行星的平均温度？这个问题看似简单，其实不然，当时的物理理论刚刚达到能面对这种问题的程度。当阳光射到地球表面，给地球带来温暖的时候，为什么这颗行星不继续升温，直到和太阳本身一样热呢？傅里叶的回答是：受热的地表发射出看不见的红外辐射（一种常见的热辐射的类型），把热量送回了太空。但是，他利用自己的新理论方法计算红外辐射的有关物理量之后，得到的温度却远在冰点之下——要比实际的地球冷许多。

傅里叶认识到，理论计算结果和实际的差距是由地球的大气层造成的，大气层以某种方式把红外辐射留存住了。他试图把笼罩着大气层的地球比作一个被玻璃板覆盖的箱子。阳光射入箱子，热量跑不出来，箱子内部就变热。这个解释看似有理。在傅里叶的时代，已经有几位科学家开始论述是"温室效应"使得地球免于被冻僵。这是个误解，因为温室能够保温是另一个原因——阳光加热了温室里的气体，玻璃板又能保证被加热的气体不致散失。而傅里叶认识到，大气层为整个地球保温的方法更加精巧。大气层的"高招"是：拦截住从地表发出的部分红外辐射，防止它们散发到太空中去。

这其中的道理首先由英国科学家约翰·丁达尔（John Tyndall）解释清楚。丁达尔对地球大气层可能怎样控制地球温度的问题，进行了深入的思考。不过，当时大多数科学家认为红外辐射可以穿透一切气体，这种观念妨碍了丁达尔的思考。1859 年，他决定在自己的实验室里验证一下。他证实了红外线的确可以穿透大气层里的主要气体——氧气和氮气。正当想放弃实验的时候，他突然想到用煤气来尝试一下。这种煤气是通过加热煤炭产生的，用于照明。他的实验室通有煤气管道。他发现：红外辐射碰到这种气体就像碰到了木板一样，不能将其穿透。于是，通过丁达尔实验室的煤气喷嘴，工业革命宣告了自己对地球热量平衡的意义。丁达尔继续试验其他的气体，发现气体二氧化碳也不可被红外辐射穿透——这是我们现在称为"温室气体"中的一种。

地球大气层中含有少量的二氧化碳，虽然只占万分之三（按空气中各成分的体积分数计算），但是，丁达尔却看出它能够引起暖化。一张纸遮住的阳光要比一池清水遮住的阳光还多。与此类似，痕量的二氧化碳改变了整个大气层的红外辐射去向。从地表发出的大部分红外辐射被空气中的二氧化碳吸收，其热量没有散发到外层空间，而是被传送回空气里。不仅空气被加热了，而且大气层保留的部分能量也辐射回地表，从而加热了地表。所以，有二氧化碳存在的地球，其温度就维持在一个较高水平，比没有二氧化碳存在的情况要高。丁达尔简明地写道："正像拦河建坝会导致河水局部变深一样，我们的大气层拦截了绝大部分红外辐射，导致地表温度局部升高。"[5]

丁达尔对这些研究的兴趣起源于一门完全不同类型的科学——他希望解决当时科学家激烈争论的一个谜题：史前冰期。"史前冰期"的主张令人感到匪夷所思，但是它的证据却雄辩有力。被侵蚀掉的岩层，北欧和美国北部随处可见的奇怪碎石沉积，这些看起来和阿尔卑斯山冰川的作用一模一样，只是规模更加浩大。在激烈的争论中，科学家开始接受一个令人吃惊的发现——很久以前（虽然在地质年代上来说并不特别久远，因为石器时代的人类经过了这个时代），地球北部地区曾经被埋在厚达 1.6 千米的大陆冰盖之下。这是什么导致的？

大气层内组成气体发生的变化是一种可能，虽然可能性不大。在组成大气的气体中，二氧化碳并非"重要嫌疑人"，因为它在大气中浓度很低。真正重要的"温室气体"是水蒸气。丁达尔发现，水蒸气能轻易地挡住红外线。他解释说，水蒸气"是一个毯子，对于英格兰的植物来说，这个毯子要比衣服对人的作用更必要。如果在一个夏夜把水蒸气从空气中拿走……太阳升起的时候，就只能照耀冰封霜冻的英格兰岛了"。[6] 所以，如果吸干了大气层中的水分，冰期就会降临。丁达尔推测，目前大气层的平均湿度是由某种自动平衡维持的，全球温度也是如此。

"史前冰期"之谜是 1896 年由瑞典斯德哥尔摩的科学家苏万特·阿列纽斯（Svante Arrhenius）提出来的。他说：设想大气中二氧化碳的含量变了，比如火山的爆发喷出了大量二氧化碳，导致温度略有上升。但这种微小的升温可能带来严重后果——变热的空气中将保留更多水分。因为水蒸气是真正强大的"温室气体"，所以湿度的增加将会极大地促进暖化。反之，如果所有的火山喷发恰好都停止了，二氧化碳最终会被吸收进泥土和海水。冷却的空气中将会保留较少的水蒸气。这个过程可能会演化成一次冰期。

降温导致空气中的水蒸气减少，水蒸气减少导致温度进一步降低，降温又进一步导致空气中水蒸气减少……这种自我加强的循环，在今天被我们称为"正反馈"。这个概念既基本又吊诡——易于理解，但首先要有人指出。在阿列纽斯的时代，只有几位有洞察力的科学家认识到，这种效果对于理解气候来说是至关重要的。第一个重要的例子是 19 世纪 70 年代英国地质学家詹姆斯·克罗尔（James Croll）在思考冰期的原因时推导出来的。他写道：当冰雪覆盖了一个地区时，它们会把大部分阳光反射回太空中。裸露的深色土地和树木能够被太阳暖化，冰雪地区则倾向于保持低温。如果某种事件导致了冰期的启动，其模式可能会自我保持。

当时，这种复杂的效应超过任何人的计算能力。阿列纽斯所能做的只是估计大气中二氧化碳浓度改变造成的直接影响。但是他意识到，他必须把温度升降所导致的水蒸气含量的变化也纳入自己的计算中。枯燥无味、没完没了的数值计算花费了阿列纽斯大量的时间。他计算了地球各个纬度大气湿度和红外辐射进出的情况，似乎是把这种浩繁的任务当作逃避悲伤的一种方法：他刚刚离婚了，不但失去了妻子，而且失去了对幼子的监护权。浩繁无边的计算在科学上几乎没有什么意义，因为阿列纽斯必须忽略真实世界的许多特征，而且他用于计算气体如何吸收红外辐射所采用的数据又非常不可靠。但不管怎样，他最终得出一个可靠的发表数据。如果说他的结果距离证明"二氧化碳的变化将会怎样改变气候"这个问题还很远的话，他确实就气候"可能"怎样变化得出了一个初步的想法。

他宣布，如果把大气中的二氧化碳浓度减少一半，地球温度将降低大约 5 摄氏度。看起来可能不多，但是，拜"正反馈"所赐，多余的积雪将会反射阳光，这个温度可能足以带来一次冰期。

大气组成有可能发生这么巨大的变化吗？就此问题，阿列纽斯求助于同事奥维德·霍格波姆（Arvid Högbom）。霍格波姆对二氧化碳通过大自然的化学过程循环（从火山中喷出、被海洋吸收等）的各种途径进行了估计和汇总，产生了一个奇怪的新想法——他要计算工厂和其他工业源排放的二氧化碳的量。令人吃惊的是，他发现人类活动向大气排放二氧化碳的速率与自然过程排放和吸收二氧化碳的速率基本相等。和大气中已经存在的二氧化碳的量相比，增加的二氧化碳并不多——1896 年燃煤释放的二氧化碳只能使大气中二氧化碳浓度上升 1‰。但是，如果持续足够长的时间，这种增加也许就可观了。阿列纽斯计算出，如果大气中的二氧化碳浓度增加一倍，地球的温度将升高 5~6 摄氏度。

人类严重扰动大气层的想法没有令阿列纽斯担忧。这并不仅仅是因为"对于冰冷刺骨的瑞典来说，变暖看起来是好事"。当时是 19 世纪末，几乎所有的人都期待任何技术变化只会带来好处，阿列纽斯也不例外。人们相信科学家和工程师在未来几百年将解决所有的贫困问题，把沙漠变成花园。无论如何，根据阿列纽斯的计算，人类要花费几千年的时间才能把大气中的二氧化碳浓度增加一倍。当时世界上只有 10 亿人，大多数是农民，过着像中世纪的生活。似乎没有任何理由妄想人类可以改变整个地球的大气层，在遥远和神奇的将来或许有可能吧。阿列纽斯并没有真正地重视全球变暖，他只是提出了一个奇妙的理论性概念。

即便是作为抽象理论，科学上也有证据驳倒阿列纽斯的观点。最具有说服力的是一项简单的实验室测量，它看上去完全否定了整个温室变暖原理。一位实验员把红外线射入一个充满二氧化碳的管子。当他大量减少管子中的二氧化碳后，穿过管子的红外辐射基本上没有变化。他知道二氧化碳仅吸收光谱中几个特定波段的辐射。他推断，只需痕量的二氧化碳，就足以让这几个特定波段的辐射被完全吸收了。大气层已经极其"厚实"了，增加更多的二氧化碳也不会带来多大改变。况且，水蒸气也吸收光谱上的这部分红外辐射。显然，地球的温室效应已然达到了最大值。到了 1910 年，大多数科学家都认为阿列纽斯的推测是完全错误的。

为了打消残存的最后一丝疑虑，另外一些科学家提出了一个更根本的反对意见。他们认为二氧化碳根本就不可能在大气层中聚集。大气层仅仅是地球上微不足道的一小层，地球上的岩矿和海洋锁住了大量的物质，相比而言，大气层中包含的地表物质微乎其微。对于大气中的每 1 个二氧化碳分子，都有 50 个溶解在海水中的二氧化碳分子和它对应！即便人类往大气中增加更多的二氧化碳分子，也几乎都会以溶入海水而告终。

另外，科学家发现，阿列纽斯过分简化了气候系统。例如，如果随着地球暖化，更多的水蒸气蕴藏在空气中，那么肯定会出现更多的云朵。这些云朵在能量抵达地表之前，就会把太阳光反射回太空——所以，地球应该根本就不会变暖。

这些反对意见和一种自然观相符合。人们广泛地相信这种自然观，认为这是简单的常识——云朵的聚散稳定了温度，或者海洋使大气中各种气体的含量保持固定，这些都体现了一种普遍原则，即自然界的平衡。和自然伟力相比，很少有人能够想象，人类这样微不足道的行为就能够颠覆大自然统治下整个地球的平衡。这种自然观（超人的、仁慈的、内在稳定的）在大多数人类文化中根深蒂固。这就是公众的信仰，而科学家也不能免俗，也同样相信其文化中的大多数设想。一旦科学家找到了看似合理的证据来解释"在人类时间尺度上，大气和气候将是不变的"——于是，天遂人愿，皆大欢喜——他们就停止了对其他解释的探索。

当然，每个人都知道气候可能改变。从老人们童年暴雪的传说，到20世纪30年代破坏性的大尘暴旱灾，关于气候的观念总是包含了灾难的因素。但灾难（从定义上来说）是某种暂时现象，几年之后，情况就会恢复正常。有几位科学家推测了更大规模气候变化的影响。例如，是否长达几百年的雨水枯竭导致了西亚、北非地区的古代文明的没落？大多数人都对此表示怀疑。但就算这种变迁真的发生过，人们所想的只是：灾难偶尔降临到一个或几个地方，但不会降临到整个地球上。

当然，每个人都知道，在遥远的过去曾经有过全球性的气候变化。地质学家在绘制冰期的地图，或者说是各个冰期的地图。他们发现，巨大的冰盖曾经扩张到半个美国和半个欧洲，然后收缩，这种进退发生了不止一次，而是反复多次。回溯更遥远的过去，地质学家发现了在某一个"暖期"，恐龙做日光浴的地点是目前的北极地区。一种流行的理论认为，恐龙是随着长达几百万年的地球降温而灭绝的——如果你等的时间足够长，气候的变化将非常严重。地质学家的报告中写道，同样，最近的冰期看来已经逐渐结束，地球回暖到当前的温度已经几万年了。如果新冰期要降临的话，也应该同样要花费几万年的时间。

巨大冰盖的扩张与收缩，速度和我们当前观察到的高山冰川的运动一样缓慢。这很符合"均变论"原理。"均变论"认为，造成冰凌、岩石、海洋、空气的力量并不随着时间的推移而改变。用一些人的话来说，我们看到的事物当前的变化方式是唯一的，除此以外，再无其他方式能够导致变化。这个原则被地质学家尊崇，视为地质科学的不二基础。因为除非所有的规律保持不变，否则科学家无法对事物进行科学研究。经过了一个世纪的争论，这个思想已经站稳了脚跟。科学家痛苦地放弃了用诺亚洪水或者其他超自然的突兀干涉来解释某些地质特征的传统。"均变论"和"灾变论"之间的热烈争论只在某些方面引起了科学和宗教的冲突。许多虔诚的科学家和理性的牧师能够达成一致：世界由可靠秩序统治，自然规律的运转令世间万物发生。

"均变论"不仅在气候研究中盛行，而且渗入了研究者的职业生涯。20 世纪上半叶，气候科学是一湾沉睡的死水。自称为"气候学家"的都是记录数据的苦工，他们的主要工作是记录平均季度温度、降水等数据。一个典型是美国气象局的工作人员，一位新一代研究型地球物理学家称他们是"你见到过的最闷的人"。[7] 他们的工作是整理过去天气的统计数据，以告诉农民应该种什么庄稼，或者告诉工程师桥梁在使用期内可能遭遇到多大的洪水。这些气象学家提供的结果被他们的客户所看重，这种研究持续至今。事实证明，他们冗长乏味、不辞辛劳的工作方式，对气候变化的研究来说必不可少。但是，这种气候学研究的社会价值建立的基础是：确信过去半个世纪左右的统计数据能够可靠地描述未来几十年的状况。教科书把"气候"一词定义为对暂时的天气变化取平均之后的一套天气数据——"气候"从定义上就意味着稳定。

少数跳出统计学的窠臼进行研究的人，所应用的只是最基本的物理学。决定一个地区的温度和降水的因素包括：该纬度的日照量、盛行风、可能对风进行暖化的洋流的位置，或者可能阻挡风的山脉的位置等。直到 1950 年，如果你去大学寻找气候学家，你很可能是在地理系找到，而不是在大气科学或者地球物理系找到（当然这些系当时基本上还没成立呢）。一位从业者抱怨说，这个领域是"气象学最无聊的分支"[8]——说得很有道理。

无论如何，人们已经听过了大量关于气候变化的大胆猜测，这些猜测更多地来自卡伦德这样的外行人，而不是来自职业气候学家。到了他向皇家气象学会做报告的时代，气象学家早已听过了许多华而不实的观点。因为，虽然冰期发生在遥远的过去，关注冰期似乎没有什么实际意义，但是它们依旧森然构成一个巨大的智力挑战。令科学家着迷的并不是全球变暖的模糊可能性，而是大陆冰盖惊人的扩张与收缩。丁达尔、阿列纽斯、卡伦德，还有不少其他人希望通过解决这个著名的谜题，赢得最终的光荣。报纸时不时地发表一些半吊子理论，以娱乐读者，羞辱气候学家。这些半吊子理论可能来自某个大学教授，也可能来自某个奇怪的业余爱好者。有一位作者写道："每个人都有自己的理论，听起来都不错，直到另一位老弟带来新理论，把别人的理论打成碎片。"[9]

当时就这个问题，职业科学家和业余爱好者提出的理论难分伯仲。在气象学本身更像是一门艺术而不是一门科学的时候，气候学也很难被称为科学。运用物理和数学来描述天气的最佳努力也毫无结果。他们甚至连简单规律的大气特征（如信风）都描述不了。正像气候学家只能通过看前几年的同期数据来预测一个季节一样，气象学家也只能尝试通过以往的天气来预报明天的天气。有时候预测工作是系统进行的——把当前的天气图和过去的天气图集进行比对；但在更多情况下，只是由一位预报员察看当下的情况，然后根据经验，结合简单计算、朴素规则和个人直觉来完成。机灵的业余爱好者，虽然没有学术背景，仍然能够像有博士学位的气象学家一样预报降雨。确实，整个 20 世纪上半叶，美国气象局的大多数"专业人士"都没有任何大学文凭。

但是，科学家从本性上永远不会放弃尝试解释事物。虽然没有可接受的理论（其实，"理论"一词本身就令气候学家们心生疑窦），但是人们能把可能带来气候变化的各种力量列成一张清单。科学家上下求索，从星际空间到地球内部，到处寻找可能的"肇事者"。他们发现的可能性跨越了六七个不同的学科。

首先进行解释的是地质学。关于冰期的解释，最为广泛接受的理论着眼于地球的内部。例如，某种伟力抬起了山脉，从而阻挡了盛行风，那么气候肯定是要改变的。同样地，一个岛链的抬高或降低也可能改变墨西哥湾流的路线，导致它的热量不能抵达欧洲。这种力量大概能够用于解释恐龙所生活的暖期和冰期的区别。不过，造山事件的发生需要长达几百万年的时间，而大陆冰盖的扩张与收缩仅发生在几十万年之内。

为了解释这种相对快速的气候变化，地质学家必须寻找其他的力量。

1783 年另一种力量出现了。那年冰岛火山猛烈爆发，喷出了几立方千米的熔岩、火山灰和火山渣。草枯死了，导致四分之三的家畜被饿死，之后四分之一的人也饿死了。独特的霾遮蔽了西欧的阳光，时间长达几个月。正在法国访问的本杰明·富兰克林（Benjamin Franklin）注意到那个夏天不同寻常的寒冷，推测这可能是由火山"雾"造成的。随后，这个观点流行开了。到了 19 世纪末，大多数科学家相信火山爆发确实能够造成大范围的影响，甚至影响到整个地球。或许，火山剧烈爆发产生的烟雾遮蔽了天空，就是造成冰期冰川推进的原因。

另外一些科学家提出：答案不在火山地质学，而在海洋。浩瀚的海洋包含了气候的主要因素：同稀薄的大气相比，海洋当然包含更多的水，此外，气体也主要溶解在海水里。仅仅是海洋最表层几米的水，包含的热量就超过整个大气层。19 世纪，海洋学家认识到了地表热循环的主要特征。这开始于人们发现从世界各处深海提取的水都接近冰点这一事实（有一个故事说，进行这些研究的灵感来自在热带航行的水手的老伎俩——把酒瓶浸入海水中"冰镇"）。这股水流，一定是在北极地区下沉，然后在洋底向赤道流动。这种观点有道理，因为北极风把水变冷了，密度也就增大了，所以水会在北极下沉。

但是，从另一个角度来看，在温暖的热带海洋，水分蒸发很快，最终，水分在较远的北方或南方作为雨雪降下来，使得赤道水域的盐度变大。当水的盐度变大时，密度也跟着变大，所以，海水应该在热带地区下沉才对，难道不是吗？在19世纪与20世纪之交，多才多艺的美国科学家 T. C. 钱伯林（T. C. Chamberlin）对这个问题产生了兴趣。他推算"温度和盐度的影响势均力敌……无须显著的改变就能打破平衡"。[10] 或许在较早的地质年代，当两极比较热的时候，高盐的海水是在热带下沉，再从两极地区升起的——和目前的环流相反。他推测，这样有助于维持见于遥远过去的均一温暖。

这种解释非常吊诡，很少有人相信。像许多事物一样，大洋环流也被描述为一个稳定的平衡，永远按照同样的路线运行。这正是科学家所观察到的，也许仅仅因为在海中测量很少也很困难。人们都认为，没必要大费周章地去发展精确的海洋观测技术。海洋学家通过往海洋中扔瓶子的简单方法来跟踪洋流。就算是科学家有心要观测洋流模式的变化，用这种方法也无法做到。渐渐地，海洋学家就画出了一个"稳定的洋流"的模式。他们描述的海洋的众多特征里，其中一项是：温度低、密度大的海水在冰岛和格陵兰岛附近下沉，然后向南流向深海。来自热带温暖的表层海水则缓慢地向北流到北大西洋海面，完成环流。当时的海洋学家对这种现象兴趣不大，他们主要关注快速流动的表层流（如墨西哥湾流），这些对于海运和渔业来说才具有实际用途。

关于导致气候变化的原因，另一种思维来自一个完全不同的方向。在古希腊时代，人们就曾思考，砍伐森林或者啃光草原是否会造成附近天气的变化。从常识上来说，把植被从树林变成庄稼地，或者从草原变成沙漠会影响气温和降雨。19世纪的美国人声称，对土地的开垦带来了相对温和的气候。移民到大平原的农夫说："雨水跟着犁铧走。"

到了 19 世纪末，气象学家已经积累了足够的可靠天气记录来检验这个观点。结果这个观点没能过关。即便人们把东北美洲从森林变成了农田，这么巨大的整个生态系统的转变也没有对气候造成明显影响。看来，大气层对生物的作用无动于衷。[11] 这看起来很合理——不管什么力量能改变气候，这种力量肯定比斑驳地分布在地表的薄薄一层有机物要强。

有少数几个科学家不这样认为。其中思想最深邃的是苏联地球化学家弗拉基米尔·维尔纳茨基（Vladimir Vernadsky）。从在第一次世界大战中动员工业生产开始，维尔纳茨基就认识到，由人类工业所生产的物质总量已经接近"地质过程的规模"。通过分析生物化学过程，他得出结论：构成地球大气的氮气、氧气和二氧化碳主要是由生物产生的。在 20 世纪 20 年代，他出版著作称，生物蕴藏的力量能够重塑地球，并且足以匹敌任何物理力量。除此之外，他还看到一个更伟大的力量正在兴起：智能。维尔纳茨基有前瞻性的声明把人当作一种地质力量，他的读者不多，而且大多数读者只不过把他的作品看成浪漫的遐想。

解释气候的一种更有力的主张来自看似最"远离人间"的科学——天文学。这种研究始于 18 世纪最重要的天文学家威廉·赫歇尔（William Herschel）。他注意到某些恒星在亮度上会有变化，而我们的太阳本身就是一颗恒星。他认为或许太阳的亮度也会有变化，从而给地球带来较冷的时期和较热的时期。在 19 世纪中期，人们发现太阳黑子以稳定的 11 年的周期出现和消退，上述猜测也随之升温。看起来，太阳黑子反映了太阳表面的某种磁暴，这种剧烈的活动对地球的磁场具有影响，不容小觑。太阳黑子有可能和天气具有某种联系吗，比如干旱？这将会抬升或者降低谷物的价格，于是某些人开始寻找太阳黑子和股市的联系。对太阳黑子的研究，也可能为长期的气候变化提供线索。

这其中，最坚持不懈的科学家是史密森天文物理观测台（Smithsonian Astrophysical Observatory）的查尔斯·格里利·艾博特（Charles Greeley Abbot）。天文台有一个叫"太阳常数"的项目，测量地球所接受的太阳辐射强度。艾博特一心一意地推进这个项目，到了 20 世纪 20 年代早期，他得出结论："太阳常数"名不副实。他的观察表明，在几天的时间内，太阳就有显著变化。他把这种现象和遍布太阳表面的太阳黑子联系起来。几年之内，活跃的太阳的亮度增加了近百分之一。艾博特早在 1913 年就宣称，发现了太阳黑子周期和地球温度周期有明显联系。他自信又好强，为自己的发现辩护，驳斥所有的反对意见，同时告诉公众：太阳研究可以给天气预测带来了不起的进步。其他的科学家则心存怀疑，因为艾博特所报告的"改变"几乎处于不可测的边缘。

在 20 世纪上半叶，对周期的研究相当盛行。各国政府已经收集了大量的天气数据可资利用，于是，人们不可避免地发现了太阳黑子周期和特定的天气模式的关联性。就算英格兰的降雨不符合周期，我们还有新英格兰地区的暴雨，它可能符合。令人尊重的科学家和热情的业余爱好者坚信他们已经找到了可靠的模式，足以进行预测了。

但是，所有的预测都失败了，这只是早晚的事儿。例如 20 世纪 30 年代早期，在太阳极小期的时候，有一项非常有可信性的非洲旱灾预报。但事实上，非洲在这个时期却很多雨。一位气象学家后来回忆："黑子和气候关系的话题变得声名狼藉，特别是在英国气象学家中间，因为他们见证了不少备受尊重的'高手'一败涂地。"即便到了 20 世纪 60 年代，他还说："对于年轻的（气候）研究者来说，接受任何关于太阳和天气关系的主张都将给自己贴上'怪人'的标签。"[12] 但是，冰期的出现一定是有原因的。太阳的长周期活动同样是一位非常有可能的"嫌疑人"。

几乎所有的科学都能在气候变化方面插一脚。天体力学也不例外。19世纪70年代，克罗尔发表了关于太阳、月亮和行星的引力作用如何微妙地影响地球运动的计算。地轴的倾斜度和它绕日公转轨道的形状都以数万年的周期发生微小变化。在某些千年周期内，北半球在冬季得到的光照和其他时期相比较少。克罗尔认为在这些时期积雪会使地表保持寒冷，从而带来一个自我维系的冰期。发生这种变化的时机用经典力学就能够算出来。（起码理论上能算出来，但运算工作太令人头疼了！）

冰期看上去的确按照周期性的模式运行。远古冰川的扩张与收缩可以从砾石（冰碛）的长线堆积中看出来，它标记了冰川运动的停止地点；从当今的土地上发现的古代湖泊边缘，也可以看出古冰川的扩张与收缩。对这种地表特征的小心细致的寻找，首先始于欧洲，然后扩展到世界各地。一整代地质学家的劳动构造出了一个序列。他们发现冰川有四次明显的扩张与收缩——有四个冰期被漫长而均等的暖期隔开。但是克罗尔的计算完全不符合这个序列。

即便如此，仍然有几位富于热情的人追求这个理论。领头的是塞尔维亚工程师米卢廷·米兰科维奇（Milutin Milankovitch）。他认为，额外的阳光在夏天（比在冬天）更能够造成差别，从而决定雪是融化掉还是积累成大陆冰盖。在两次世界大战之间，他改进了用于计算不同距离和角度的太阳辐射的方法。到了 20 世纪 40 年代，一些气候学教科书已经在教授米兰科维奇的计算，为冰期到来的时间问题提供了一个看似合理的解答。

支持证据来自"季候泥"。季候泥来自一个瑞典词，意思是覆盖北方湖泊底部的淤泥层。春汛每年都会给湖底带来一层淤泥层，科学家从湖床中提取滑溜溜的灰色淤泥，然后不厌其烦地计算出各个层面。一些研究员报告称发现了一个 21000 年的变化周期。这基本和米兰科维奇计算出的地轴周期性偏移的时间（分点岁差）相符合。

但是米兰科维奇的数据和克罗尔的一样，也不符合课本所载的四个冰期的标准顺序。更糟糕的是，有基本的物理论据来反对这整个理论。米兰科维奇计算的阳光入射角度和强度的变化都很小。大多数科学家认为，阳光的这种微小变化，肉眼都感觉不到，说它能够把半个大陆埋在冰下面，实在太牵强了。那到底是什么导致了冰期呢？仁者见仁，智者见智，大家都能猜！

所以，当 1938 年卡伦德站上皇家气象学会讲台的时候，他走的是很多曾研究气候变化的前辈的老路。他指着从老旧无名的出版物中挖掘出的二氧化碳观测数据争辩说，自 19 世纪早期以来，大气中的二氧化碳浓度已经上升了一点。专家们对此则很怀疑。他们知道，没有人能够对大气层中痕量的二氧化碳进行可靠的观测。卡伦德似乎只是在挑拣支持己方观点的数据而已（只有通过回顾卡伦德的工作，我们才可以确定他的判断是非常合理的）。诚然，卡伦德已经收集了当时最有力的证据，证明全球温度已经上升了。但是，把这种升温和二氧化碳联系起来，又有什么理由呢？

事态并不紧迫。卡伦德本人认为气候变暖对人类来说是好事——它有助于庄稼长得更丰裕。不管怎样，他推算我们升高全球平均温度的步伐是缓慢的——可能到了 22 世纪末，才升高 1 摄氏度。听众席上的气象学家发现这种说法很迷人，但也很没有说服力。

于是，争论继续存在。专家们竞相提出个人理论，寻找气候变化的原因，一种单一的主导力量。而大多数科学家对不论什么理论都无心深究。他们把气候变化放到一边，认为这个谜题太难了，谁也别想用现有的方法解决。这种关于人类正在通过排放二氧化碳而影响全球气候的想法，和其他古怪的小摆设一样被束之高阁；同其他的理论相比，这个理论更加奇异，也更加没有吸引力。

第 2 章
发现一种可能性

查尔斯·戴维·基林被他的朋友们称为戴夫。他既热爱化学，又热爱户外运动。20世纪50年代中期，作为加州理工学院的一名博士后，他长期泡在满是消毒水气味的实验室中，但是，他还是尽可能挤出时间到山川丛林旅行。他选择能够和大自然亲密接触的课题进行研究。野外监测大气中二氧化碳浓度正是这种课题。基林的工作提供了这样一个典范——对真实世界本身的热爱构成了他进行地球物理学研究的基础。在孤寂的苔原上，或在怒涛中耕海的轮船上，科学家把年华投入到许多同行不大看重的研究课题上，部分原因可能是这些不寻常的科学家不能忍受足不出户的生活。但是，他们的研究有时取得的成就，甚至会超过他们自己的期望。

研究大气层中的二氧化碳，对于雄心勃勃的科学家来说，并不吸引人。二氧化碳在几千万年的气候变化中可能发挥一点作用，除了这种微小的可能性，人们对于风如何能够携带庄稼成长所需要的养料有一定的好奇，这其中就包括二氧化碳中的碳。斯堪的纳维亚的一个小组曾经尝试过一个监测项目。他们对二氧化碳的测量结果随着地点的不同，甚至是日期的不同而有很大的波动，因为路过的气团携带了由森林或者工厂排放的气体，好像脉冲一样。一位专家承认："要通过这种测量来可靠地估计大气二氧化碳库和它的长期变化，看起来是没希望的。"[1]而且，就算基林有强烈的个人意愿，会有机构给他钱来进行一次新尝试吗？

这个简短的问题引出了一个又长又有趣的答案。故事要从第二次世界大战和冷战给美国科学界带来的革命性变化讲起。气象学的转变是一个典型例子，陆军将军和海军司令非常清楚天气可能决定战斗的胜负，他们需要气象学家。于是，美军求助于像芝加哥大学这样的研究机构。芝加哥大学新成立了气象学系，用完全严谨的科学方法研究气象学，这在当时凤毛麟角。

这多亏了卡尔–古斯塔夫·罗斯比（Carl–Gustav Rossby）。他在斯德哥尔摩学习了数学物理学，1925 年来到美国，在气象局工作。但昏昏欲睡的气象局令他厌恶，他很快就离开了。罗斯比不仅是一位杰出的理论家，而且是杰出的创业者和组织者，他在麻省理工学院设立了美国第一项专门的气象学研究项目。1942 年，他移师芝加哥，设立了另一项专业气象学研究项目。当时有一群分散各地的气象学家决心把气象学研究变成一门真正的科学，罗斯比是他们的领头人。传统的气象学只是把每个地理区的"正常"不变的气候进行罗列描述，而他们却要从基本的物理定律中推导出对气象学的更复杂的理解。这个目标是一种纯数学"演习"，故意远离了真实的天气波动和日常预报的不确定性。

虽然这个科研项目因为战争而推迟了，但是，芝加哥大学气象学系在战争年代得到了空前壮大。罗斯比和同事在一年期课程中培养了 1700 名军事气象学家。而参战部队对将要开展战斗的区域进行研究，不遗余力地寻求关于风、海洋和海滩的每一点知识，所以，类似地，在其他科研院所和地球物理学的其他领域，教学和研究事业也得以茁壮成长。从轰炸任务到诺曼底登陆，气象学家和其他地球科学家提供了生死攸关的信息，他们的心血得到了回报。

1945 年，随着战争车轮的停止，科学家不知道这些事业将走向何方。美国海军决定介入，并通过新设的海军研究办公室对基础研究进行资助。在海军军官的推动下，这种对科学的支持被许多军队部门仿效，因为军官们看到，将来在许多方面都需要科学家。雷达、核武器和其他 10 年前难以想象的几十项科技装备的应用，即使没有对战争起到决定性作用，起码也缩短了战争。谁能猜到基础研究在下一步会带来什么呢？在未来的紧急情况下，及时得到精明头脑的帮助很可能会决定生死存亡。同时，和苏联的全球竞争（冷战）正在启动，而得出重大发现的科学家将为国家带来声望。所以，不管优秀的科学家选择研究什么问题，都有理由支持他们。并且，因为某些学科能够给美国带来长久的优势，所以也相对地被摆到了更加突出的位置。

地球物理学就是"特别受恩典的领域之一"。军官们认识到，对于将要开展行动的环境，他们几乎需要理解关于它的一切——从深海到大气顶端，无所不包。鉴于地球物理所涉及因素的复杂相关性，军事服务部门做好了资助各种研究的准备。为了取得良好的实际效果，美国政府最大范围地支持地球物理研究工作。如果在这个过程中，产生了纯科学的发现，这种"意外红利"也会受到欢迎。

气象学特别受宠。美国空军对风有一种自然的关切，特别慷慨地提供支持，其他的军事和民用部门也联手推动能够最终改进天气预报的研究。除日常预报之外，某些科学家产生了人工改变天气的念头。20 世纪 50 年代，用碘化银烟雾"播云降雨"的计划抓住了公众的眼球，政府官员和政治家们也特别留意此事。用"及时雨"改善农业的愿望，推动美国政府资助了各种气象学研究。一个懂得气象的国家，甚至可能用干旱或者暴雪来消灭敌人——真正的"冷战"！一些科学家警告由人工降雨等方法进行的"气象战"可能会比核弹更有威力。

这些项目的关注点，都是如何在局部地区暂时对天气进行预报或控制的问题。关于整个地球上长时期气候变化的问题并不是一个热门的研究领域。尤其是大气中二氧化碳浓度增加的全球影响这种问题要经过几百年才会发生，甚至永远都不会发生，为什么要在这种研究上花钱呢？

没有人建议吉尔伯特·普拉斯（Gilbert Plass）去研究温室变暖。海军研究办公室向他提供资助，是要他为约翰·霍普金斯大学一个研究红外辐射的实验小组进行理论计算。普拉斯后来回忆道，他之所以对气候变化感兴趣，只是因为他曾经广泛阅读纯科学的论文。他偶然读到了"可通过大气中二氧化碳浓度的变化解释冰期"这种无人关注的理论。他把"二氧化碳在大气层中如何吸收红外辐射"的研究，当成本职工作之外的一种副业。在完成自己的分析之前，他跑到加利福尼亚州南部，加入了洛克希德飞机公司的一个研究组，研究与热制导导弹等武器直接相关的红外吸收问题。同时，据他回忆，他把自己关于温室效应的研究结果"在晚上写下来"，作为自己武器研究之余的一种休息。[2]

普拉斯知道人们反对"温室气体导致气候变化"的理由——在红外吸收发生的光谱区，大气中业已存在的二氧化碳和水蒸气，已经足以阻挡所有可阻挡的辐射了，因此改变二氧化碳的浓度并不会有效果。20 世纪 40 年代，新的观测和改进的理论思路使人们对这种说法提出了质疑。事实上，旧的观测手段是不完善的；二氧化碳的吸收光谱并没有完全饱和，它和水蒸气的吸收光谱也并非完全重合。更重要的是，即便所有的红外辐射都已经被困在下层大气中也不要紧，气体浓度的变化仍然是有效果的。毕竟，如果地表不能把来自太阳的能量发散掉，地表温度就会无限制上升，所以，热量必须穿过大气，层层向上，直到抵达稀薄的上层大气，在那里，辐射就能够轻易地逃逸到宇宙空间。于海平面处能够阻挡辐射的宽广谱带，在寒冷而稀薄的上层大气中，已经分解成窄小的光谱线，就像中间有空隙的栅栏一样，辐射可以穿透。普拉斯认识到，往比较上层的大气中增加二氧化碳的确会造成差别。正像丁达尔所说的拦河筑坝，水位会一直升高，直到水位高过堤坝溢出，增加的气体会增大对热量的阻拦，从而造成所有下层大气的升温。

没有大量的计算，普拉斯就不可能对情况进行具体描述。幸运的是，他可以使用新发明的数字计算机。他进行的冗长计算表明：增加或者减少二氧化碳浓度的确能造成差别——二氧化碳浓度的增减可以显著减少或增加从地表逃逸到太空的辐射量。1956 年，普拉斯宣布：人类活动能够"使全球平均温度以每百年 1.1 摄氏度的速度"升高。[3]

普拉斯在计算中舍去了某些至关重要的因素，比如水蒸气和云朵的变化。这样的计算太粗糙了，不足以说服其他科学家。但是，他的确证明了一个中心要点：不能用"增加二氧化碳浓度对大局不产生影响"这种旧理由来排除温室效应。他警告：气候变化可能"对子孙后代造成一个严重的问题"——虽然是几百年以后的事情。像阿列纽斯和卡伦德一样，普拉斯主要对"冰期之谜"感兴趣。他认为，如果全球温度直到 20 世纪末仍然在升高，就能证实二氧化碳改变气候的理论，不过，这将主要是科学家的事，和普通人无关。[4]

普拉斯任职的洛克希德飞机制造公司，离加州理工学院不远。当时基林正在加州理工学院对二氧化碳问题进行研究，他阅读普拉斯的著作并且同他交谈，感受深刻。当基林开始研究大气中二氧化碳浓度的波动的时候，他曾经提及这种波动在农业上的应用。但他真正的兴趣是在全球规模上研究一个纯科学的地球化学问题——是什么过程影响了大气中二氧化碳的浓度，大气中二氧化碳的浓度变化反过来又会带来什么影响？

要回答这种问题，需要极高的测量精度，而当时市场上没有这么高精度的仪器。基林自己动手，花费了几个月来研究和动手制造仪器。通过在加利福尼亚州周围的几个地点进行测量，耐心地改进自己的技术，基林发现，在最原始的地点，他总是能得到同样的数字。这一定是上风向的工厂或农场脉冲式排放之下大气中二氧化碳的真正的背景值（在斯堪的那维亚监测二氧化碳气体的科学家从没有指望看到这种情况，他们没能像基林努力做到的那样，找出技术中的误差）。

接下来的一个问题是：大气中二氧化碳浓度是不是像普拉斯和卡伦德推测的那样，是逐步增加的？这个问题得到研究经费的机会可不大。专家们认为，二氧化碳浓度的增加在任何情况下都将是非常缓慢的。并且这种增加要很长时间之后才会产生影响，甚至可能永远都不会产生影响。因为就算普拉斯已经表明红外吸收的事实并不能否定温室变暖，反对温室变暖仍然存在一个强有力的理由：海洋会轻易地吸收人类排入大气层的多余的二氧化碳，难道不是吗？

正好现在能够通过一种新方法跟踪碳的运动，即利用所谓的放射性碳——碳的一种放射性同位素——碳–14进行跟踪。在战时制造核武器的工作中，人们对这类同位素进行了认真研究；在战后年代，研究步伐也没有放慢。为了监测苏联的核试验落尘，人们设计出灵敏的测量仪器，有几位科学家把这些仪器用于测量放射性碳。他们的研究也从非冷战相关利益集团得到了支持。考古学家和收藏家支持他们，因为放射性碳测定古代文物确切年代的方法令人痴迷，这些文物包括木乃伊、骨化石等。在上层大气，当来自外层空间的宇宙射线粒子轰击氮原子，把它们变成放射性碳的时候，就产生了这些同位素。一些放射性碳进入了生物体内。在生物死亡之后，放射性碳将缓慢地衰变，其衰变速度是一个定值。所以，同正常碳相比，一件物品中放射性碳的含量越少，就意味着这件物品越古老。

在新登场的放射性碳专家中，汉斯·修斯（Hans Suess）是一位化学家，他想到把这项技术应用于地球化学研究。他想到，人们燃烧的煤、石油等非常古老的化石燃料，其放射性早就没有了。他从百年古木中收集木样，把它们和现代的样品比较。1955 年，修斯宣布，他在现代大气中检测到古代的碳，这可能是燃烧化石燃料释放的。但是他研究出，增加的碳只占大气中所有碳的不到 1%——这个数字太小了，他得出结论说，化石燃料燃烧释放的碳都被海洋快速吸收了。又过了 10 年，他才得到了更精确的测量结果，这次显示出了高得多的化石燃料燃烧释放碳含量。

每个科学家都知道测量放射性碳非常困难，很显然，修斯的数据是初步的、不可靠的。他所做的工作的意义，在于揭示了化石燃料燃烧释放的碳存在于大气层中。通过进一步的工作，人们就可以研究出海洋要花费多长的时间来吸收从化石燃料燃烧中释放的碳。但这个问题同样令人困惑，一位海洋学家承认"没人知道要花 100 年，还是要花 1 万年"。[5]

这位海洋学家就是罗杰·雷维尔（Roger Revelle），他在斯克里普斯海洋研究所任职，是一个精力充沛的研究者和管理者，也同时推动着研究所的扩张。斯克里普斯海洋研究所位于加利福尼亚圣迭戈附近，坐落于面向太平洋的一座奇特的山崖之上。战前的斯克里普斯海洋研究所是一个典型的海洋学机构，气氛宁静，远离尘嚣。在那里，几十位兢兢业业的科学家组成了一个小群体，配有一艘调查船。研究所依靠私人资助，在斯克里普斯家族资金受到大萧条的冲击的时候，研究所的财政状况也曾经捉襟见肘。战后的研究所成长为一个与以往非常不同的现代实验室综合体。除了从加利福尼亚大学公共经费中拿到的基本科研资金，雷维尔还与涉海研究的天然金主——海军研究办公室签订了一系列项目合同，并通过其他联邦机构获取资助。雷维尔有很多好主意，其中之一是用一些钱招徕修斯到研究所工作，进行放射性碳的研究。1955 年 12 月，两人成功会师，强强联手，共同研究海洋中的碳。

从对海水和空气进行的放射性碳的测量中，修斯和雷维尔推断出，大气层中，一个典型的二氧化碳分子在大约十年内就会被海洋表面水吸收。世界上其他研究这个问题的科学家证实了这个结论。没错，海洋正在吸收人类排入大气中的大部分的碳。雷维尔和修斯将这个结果写成了文章，并准备发表。

看来，唯一有待攻克的问题是：碳是会在接近水面的地方聚集，还是会被洋流带入大洋深处？雷维尔的研究组已经在研究海洋表层水的更新速度了。这是攸关国家利益的问题，因为美国海军和美国原子能委员会关心核试验落尘的归宿。日本人在高声抱怨，说他们赖以为生的鱼类受到了核试验落尘的污染。并且，如果洋流很慢的话，海床可能被用来放置来自核反应堆的放射性废物。20世纪50年代，斯克里普斯等研究所对不同深度的放射性碳的测量表明：平均而言，海水在几百年内就能进行一次完全的循环。这看起来快到足以把人类工业产生的二氧化碳卷入深海。

雷维尔喜欢同时开展多项研究，恰好有时他的兴趣是交叉相关的。回溯1946年，海军曾经把海军中校雷维尔（他曾在战争中获得海军军衔）派到比基尼环礁，领导一个研究组，为即将在这个环礁进行的核试验做准备。海水不仅仅是盐水，而且是一系列复杂的化学物质的混合物。某种改变（比如，珊瑚中的碳含量）意味着什么，很难下定论。在接下来的10年中，雷维尔不断地尝试新的计算，然后又一一否定。直到有一天，他意识到，海水独特的化学性质会阻止它吸收本应吸收的碳。

海水中化学物质的混合产生了一种化学家所称的缓冲机制，稳定了海水的酸碱度（pH）。人们知道这种机制的存在已经几十年了。但是，没有人意识到这对于二氧化碳来说意味着什么。现在，雷维尔发现：某些分子被吸收之后，可以通过一系列化学反应改变这种化学平衡。虽然增加到大气层中的二氧化碳将在几年时间里就被吸收到海洋表层水中，但是大多数二氧化碳分子（或已经存在于海洋中的二氧化碳分子）会很快地被释放出来。雷维尔算出：总而言之，海洋表层不可能吸收太多气体——只有他早先推测的吸收量的 l/10。

1957 年，雷维尔和修斯合作的描述海洋如何快速吸收人类产生的额外二氧化碳的论文已经写好了，正准备送稿发表。雷维尔返工增加了几段文字，解释为什么这种情况不会发生。正如许多具有里程碑意义的科学论文一样，两人的论文是在他们的理解刚刚起步的时候匆忙写成的。雷维尔自相矛盾的讨论是如此的模糊而隐蔽，以至于其他科学家花了几年的时间才理解和接受他的发现。雷维尔本人也没有完全掌握这个发现牵涉的各项意义。在他修改后的论文中，加入了一个快速计算，表明大气层中的二氧化碳浓度将在最近几百年里逐渐上升，而在增加了 40%（或略低于此）之后，则会进入平稳期。

这个令人安心的结论严重低估了实际情况。雷维尔设定在即将到来的几百年里，工业排放将依旧按照 1957 年的速度增长。很少有人意识到这个惊人的事实，即人口和工业都正在以爆炸性的指数进行增长。整个 20 世纪，世界人口增长了

4 倍，而人均耗能也增长了 4 倍——从而使二氧化碳排放量增长了 16 倍！但是，在 20 世纪中期，世界大战和大萧条令大多数技术发达的国家担心人口可能衰退。他们的工业步履维艰，沉重前进，扩展的速度似乎并不比 10 年前的更快。而对中国、巴西这种"落后地区"而言，工业化还只是一种遥远的可能性，很少能被纳入人们计算和考虑的范围内。

不同的思想开始被激发起来了。特别是加州理工学院的地球化学家哈里森·布朗（Harrison Brown）——基林的导师，他正在为未来爆炸性增长的人口和工业描绘一幅更加现实的图景。雷维尔听到了这些观点，在发表与修斯合写的论文之前，他增加了一个脚注："如果工业燃料燃烧在未来年代里仍然以指数形式增长，二氧化碳的聚积就可能非常显著。"在结论部分，他写道："人类正在进行一项大规模的地球物理实验，其程度前无古人，后无来者。"[6]

雷维尔说的"实验"是传统科学意义上的，对于研究地球物理过程来说是一次好机会。但他确实意识到，未来可能存在某种危险。其他的科学家逐渐消化了普拉斯和雷维尔两人的复杂计算，开始有所关切，相信增加大气层中二氧化碳浓度终究是能改变气候的。这种改变的到来，可能并不像某些科幻小说所描述的那么遥远，而是大约在下一个世纪。

像阿列纽斯、卡伦德、普拉斯等为全球变暖的发现做出贡献的人一样，雷维尔和修斯只是把这个问题当作一种副业来研究。他们视其为发表几篇论文的机会，视其为他们专职工作的岔道，很快就会返回主干道。如果这些人中的某一位没有那么强的好奇心，或者对辛苦思考和计算没有那么高的投入，对全球变暖可能性的注意就可能再推迟几十年。20 世纪 50 年代的历史巧合是：军事部门是散财童子。如果没有冷战的话，就不会有多少钱来支持这种研究了——这个课题和实际问题没什么关系。美国海军得到了一个答案，回答了一个它从来就没有问过的问题。

雷维尔和修斯现在更急于了解关于温室变暖的"大规模地球物理实验"的其他方面。他们难懂的技术论文在当时很少有人注意。很难指望海军等政府部门投入更多的钱来研究这个问题，因为研究这个问题很难生产任何有用的东西，甚至也生产不了更多的科学信息。幸运的是，另一位财神向他们招手了。新的经费来自（或者看起来来自）和平的国际主义者，跟以前国家军事的推动真是天差地远。

地球物理学的国际化是不可避免的。对于洋流和风来说，哪里有什么国界可言？但是直到 20 世纪中叶，大多数地球物理学家研究的现象都局限在一个地区之内，甚至达不到国家的范围，仅是国家内的某个部分。不同国家的气象学家的确通过非正式的方式进行松散合作，像其他学科一样，如阅读彼此的论文，互相访问对方的大学。逐渐地，气象学科本身开始促使他们更紧密地联合起来。19 世纪后半叶，气象科学的领军人物在一系列国际大会上相聚，促使国际气象组织（IMO）诞生。类似的组织性驱动力也让和气候研究相关的其他重要领域得到了增强。早在 1919 年，国际大地测量与地球物理学联合会就成立了，联合会中包含了不同的分支小组（如海洋学）。不过，大多数科学家所做的最多的工作仍然局限在一个领域内（如地质学或气象学），并且很少和国外的同行们见面。

第二次世界大战之后，各国政府看到了在科学方面支持国际合作的新理由。就是在这个时代，我们见证了联合国、布雷顿森林金融体系等多边组织的创立。民族主义曾经带来恐怖的兵燹、大量的伤亡，而创立上述体系的目的是把超越了自利的民族主义的人会集在一起。冷战开始后这种运动增强了，因为同不久前被战争杀死的几千万人相比，核武器可以杀死几亿人。因此开创活跃的国际合作是至关重要的。科学具有国际主义的悠久传统，为合作提供了许多绝佳机会。建立跨国界的科学联系成了世界上主要国家的明确政策，并不仅仅是因为知识的汇集为人们提供了一个创设国际组织的现成理由。除此之外，科学家的理念和方法，他们的公开交流，对客观事实与共识的依赖，都加强了民主的理念。正如政治科学家克拉克·米勒（Clark Miller）所解释的，科学事业"是与对自由、稳定和繁荣的世界秩序的追求交织在一起的"[7]。

对全球大气层的研究看起来是一个很自然的出发点。1947

年，一次有专家和政府代表参加的会议明确地把气象学研究转变成了一项政府间事务。1951 年，国际气象组织更名为世界气象组织，世界气象组织简称 WMO（后来使用首字母缩写的现象在地球物理学界蔚然成风）。世界气象组织是各国天气预报服务部门的一个联合会，并很快成为联合国的一个下属机构。这就使得气象学团体能够取得重要的组织支持和财政支持，世界气象组织赋予了它们新的权力和地位。

然而所有这些努力，对于把分散在与气候变化相关的不同领域的科学家联系起来，所起作用并不大。大部分科学家们仅仅在短短几年对这个课题的某些方面有关注。天体物理学家研究太阳能的变化，地球化学家研究放射性碳的运动，而气象学家研究的则是风的全球环流，他们很少有共同之处。他们不大可能在一个科学大会上相会或阅读同样的科学期刊，甚至互不知晓对方的存在。雷维尔决定把修斯引入斯克里普斯海洋研究所，由海洋学家和地球化学家联手进行研究的举动，在当时是一种深思熟虑后打破惯例的行为。

直到 20 世纪中期，很少有科学家致力于在超过一个领域进行深入工作。需要掌握的知识太深奥了，技术太机密了。想在第二个知识领域成为专家，必然分散精力，这是拿自己的职业生涯冒险。一位叫约翰·埃迪（John Eddy）的太阳物理学家转行进行气候变化研究，他评论说："持有一个领域的学位而进入另一个新领域，就如同刘易斯（Lewis）和克拉克（Clark）走进曼丹人（美洲原住民）的营地[1]"，"你不属于他们……你的学位什么都不是，你的名字不被认可。你必须从头学起"。[8]

不同的研究领域，吸引的是不同类型的人，这让沟通更加困难了。如果你走进一位统计气候学家的办公室，你可以看到井井有条的文件柜和抽屉，放置着带有整洁数字的表格。在未来的岁月里，这些卷宗将包括计算机打印的文件，那是无数小时进行编码编程的成果。气候学家们可能在孩童时代就建立了自己的家庭气象站，年复一年，不辞辛苦地记录每日的风速和降雨。而走进一位海洋学家的办公室，你更可能看到来自各个海滩的各种"宝贝"。你将听到各种历险故事，例如一位资深科学家讲的，他如何被冲到海中，差点被淹死的故事。海洋学家们往往是硬汉，习惯于远离舒适的家进行远航，他们往往自视甚高，说话直率。

除这些差别之外，他们还在一些更基本的层面有分歧，比如在他们各自使用的数据类型方面。气候学家依靠世界气象组织遍布世界的千万个气象站的技术员做出的标准化数据报告。海洋学家则自己制造仪器，然后在他们拥有的为数不多的考察船上把仪器放入海中。气象学家们的"天气"是从千万个数字中构建出来的，和海洋学家们的"天气"完全不同。海洋学家

---

① 19 世纪，由杰斐逊总统发起，刘易斯和克拉克带领美国陆军探索军团开展远征，这是美国首次横越美国西部直抵太平洋的往返考察活动。——编者注

们的"天气"是水平向席卷而来的冻雨，或是温暖不懈的信风。正像 1961 年一位气候学家所说："事实上这涉及了如此多学科，例如气象学、海洋学、地理学、水文学、地质学、冰川学、植物生态学、植被历史学……以至于科学家们不可能用共同认可、定义完善、发展完备的方法来工作。"[9]

这种分裂越来越让人无法忍受。20 世纪 50 年代中期，一小群科学家制订了一个增加地球物理学各领域合作的计划。他们希望在国际范围内协调数据的采集，同时说服各国政府在地球物理学研究上再增加 10 亿美元左右的研究经费（这一点也同样重要）。他们的计划促成了 1957—1958 年的国际地球物理年。国际地球物理年邀请不同国家和领域的科学家在各委员会中进行互动，策划和执行前所未有的跨学科研究项目。

各种动机共同作用，使国际地球物理年成为可能。提供经费的政府官员对纯科学的发现并非无动于衷，但他们主要期望新知识能够带来和平的或军事的应用。美苏政府及各自盟国想进一步在冷战中争取现实的优势。在国际地球物理年的旗帜下，它们不但能够增进国家威望，而且可以收集具有潜在军事价值的数据。某些科学家和官员则恰恰相反，他们希望国际地球物理年能够有助于建立一种对手国家间进行合作的方式（后来确实实现了这一点）。如果天下太平，各国政府还会花这么多钱来研究海水和空气吗？这个问题有待讨论。不管他们的动机是什么，结果是促成了来自 67 个国家的数千科学家的协调合作。

在国际地球物理年的优先列表中，气候变化课题排名靠后。但是，有了这么多新增经费，自然也会分给气候相关课题一部分。二氧化碳研究是一个小例子。在分配美国所得份额的委员会中，雷维尔和修斯主张开展一个不大的项目：同时在全球的各个不同地点测量在海洋和空气中的二氧化碳。花的钱不会多，所以委员会批给了他们一些经费。雷维尔心中早已经选定了基林来进行这项工作，现在，他雇用了这位年轻的地球化学家，来斯克里普斯海洋研究所进行全球调查。

雷维尔的目的是：通过对来自各个时间、地点的大量不同的观测数据取平均值，"拍摄"一张全球二氧化碳值的基线"快照"。一二十年后，另外的科学家将继续这项工作，再次进行"快照"，然后查看大气中二氧化碳的浓度平均值是否上升了。

基林的目标比这个更远大。雷维尔后来说："基林与众不同，他打心眼里想测量二氧化碳，而且，他想用他所能达到的最高精度和最大准确性来测量二氧化碳。"[10] 最高的精度需要昂贵的新仪器，远远超过当时大多数科学家认为的测量二氧化碳这种大幅波动的东西所需要的精度。基林游说了关键官员，终于说服他们同意提供所需的资金。他建立了两个观测站，一个位于夏威夷群岛莫纳罗亚火山的顶部，周围环绕着几千千米的清澈海洋，这是对地球上未受人类干扰的大气层进行测量的最佳场所之一。另一件仪器被放到了更加原始的南极地带。

基林拥有昂贵的仪器，并且对任何可能的误差源进行了不懈追索，这一切都得到了回报。在南极，他追踪到二氧化碳的测量值受附近机械厂排放的影响；在莫纳罗亚火山，他发现火山本身喷发的气体构成了干扰。经过对类似问题小心翼翼地追踪，基林对大气层中的二氧化碳水平做出了异常精确、稳定的基线数据。他收集到的头十二个月的数据显示，在这一年里，二氧化碳的浓度就有所升高。

但是，国际地球物理年要结束了。到了 1958 年 11 月，经费所剩无几，二氧化碳的监测活动眼看要停下来。基林努力想去找更多的钱。修斯和雷维尔从原子能委员会给斯克里普斯海洋研究所的其他用途经费中挪用了一笔钱（当时的情况比现在好，各机构相信科学家们，给他们自由支配自己经费的权利）。1960 年，有了整整两年南极洲的数据在手，基林报告说二氧化碳水平的基线已经升高了[11]，其上升的速度与人们预想的海洋没有吞噬大量工业排放的情况大致吻合（图 2-1）〔数据来自斯克里普斯二氧化碳项目（Scripps CO_2 Program），2007 年11 月最后更新〕。

虽然某些科学家立即认识到了基林工作的重要性，但是，没有哪个机构感觉应该负起责任资助这样一项可能持续多年的气候研究项目。1963 年，二氧化碳监测活动几乎被迫停止。基林求助于国家科学基金（一个成立于 1950 年的美国联邦机

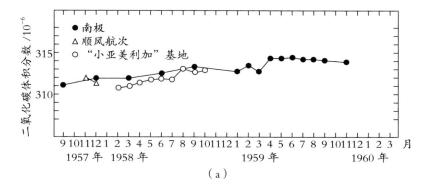

（a）

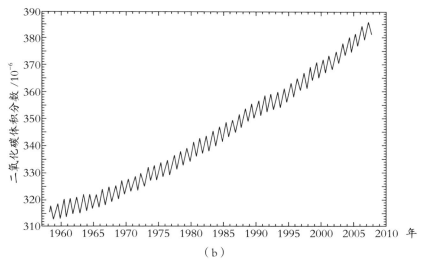

（b）

图 2-1　夏威夷莫纳罗亚观测站观测大气中二氧化碳浓度的上升

（a）经过两年的观测，人们首先在南极洲观察到了大气中二氧化碳浓度
上升的趋势（Keeling C. D. Tellus，1960，12：200，经许可后转载）；
（b）夏威夷莫纳罗亚观测站 50 年中测出的"基林曲线"。在长期的上
升过程中出现的年度起伏，是因为北半球的植物在夏天吸收二氧化碳进
行生长，冬天腐烂衰败，又释放出二氧化碳（斯克里普斯海洋研究所，
经许可后转载）

构，当时经费有限）。1957 年，苏联发射的"斯普特尼克"人造地球卫星刺激了美国人，他们害怕落在对手后面，于是加大了在所有科学领域的经费投入。国家科学基金的钱包鼓了之后，就取代军事部门，接手了国家对基础研究的大部分支持。这其中一个"微不足道"的影响就是：经过一个短短的中断之后，基林得到了经费来继续在莫纳罗亚的测量。

随着莫纳罗亚的数据的积累，这些记录越来越可观。它显示了大气中二氧化碳浓度一年比一年显著增高。基林起初把这项工作作为一项临时工作，现在却变成了一项终生事业——他是第一位把人生投入气候变化研究的科学家，未来还会有很多位。没几年，基林客观有力的二氧化碳上升曲线就被科学评审组和科学新闻工作者广泛引用，成为温室效应的中心标志。

在丁达尔、阿列纽斯、卡伦德、普拉斯、雷维尔、修斯等人建造的大厦上，基林的数据标志着大厦终于封顶。确切地说，这还不算是发现了全球变暖，而是发现了全球变暖的可能性。专家们还要继续争论很多年，来探讨地球的气候到底会发生怎样的变化。但是，对我们排放的温室气体使地球变暖的可能性，已没有知识通达的科学家可以轻易否定了。这个古怪难信的理论已经破茧而出，要作为严肃的科研课题而翩翩飞舞了。

第 3 章

精巧而脆弱的系统

对于科罗拉多州博尔德市的人来说，天气意义重大。博尔德拥有众多登山家和滑雪家，其中不少人是科学家。这里冬天的强风能够把汽车从路上刮跑；在夏天你可以坐在俯视小镇的山顶上，看着雷雨云掠过高高的平原，电闪雷鸣。在博尔德有一道独特的风景——国家大气研究中心（National Center for Atmospheric Research）红色的砂石塔楼。1960 年大气研究中心在科学家们重重压力之下由美国国会建立，代表了当时科学家们寻求途径以绕过气象局"恢恢天网"的努力。该中心致力于研究大气层中发生的一切，从骤雨到气候。对于 1965 年召开的"导致气候变化的原因"大会来说，博尔德是一个上好的地点。当时很少有科学家注意到这次会议，但是回顾起来，这却是一个转折点。

大会组织者特意召集了各路专家，从火山学专家到太阳黑子专家，一应俱全。海洋学家雷维尔主持会议。各种观点激烈碰撞，百家争鸣，讲座和圆桌讨论充满了火爆的争论。多亏了雷维尔超常的领导技巧，会议才没有脱轨。会议的本意是探讨各种令人安心的传统冰期理论。但是，会议却成为新思想爆发的舞台，把未来人们对气候的看法导向了一个新颖而有预见性的思路。科学家们一致认为：对地球气候的解释应当抛弃"地球用简单的机制来保持自身稳定"等过时理论。地球气候是一个复杂的系统，其平衡是不稳定的。这个系统显示了发生剧变的危险潜力，这种突变可能自发产生，也可能在人类技术的干涉下产生，其速度之快，超过任何人曾有的预期。

在博尔德会议上，人们对气候的理解，以及对研究气候的方法的理解都焕发出新的光彩。熟悉的统计汇编式的气候学对这些科学家不再有吸引力。他们力图把自己的知识建立在坚固的数学和物理基础之上，并辅以从微生物学和核化学中借鉴的新技术。不过，这次深刻的观念变迁发生在人类经验的基本组成方面，对此，科学单枪匹马并不足以做出解释——各种事件早已改变了现代社会中每一个人的思维。

人类的技术是一种地球物理范围的伟大力量，大到足以影响整个地球吗？在1940年的大多数人看来，当然不是！但到了1965年，大多数人则认为：当然是！这种意见的逆转来自技术和大气层之间的明显联系。其中之一是人们对"大气污染导致危险"的意识增强了。20世纪30年代，人们看到工厂冒烟很高兴：肮脏的天空意味着工作机会。但到了20世纪50年代，随着工业化国家经济的增长和人们预期寿命的延长，一次历史变迁开始了——从担忧贫困转向了更担忧恶劣的健康卫生状况。医生们认识到：空气污染对于某些人群来说具有致命的危险。1953年，一次"杀人烟雾"令伦敦窒息，表明我们排入空气中的物质足以在几天之内杀死数千人。与此同时，除烧煤产生的烟尘之外，快速增多的汽车也带来了尾气。

　　人们宣称可以通过"播云"进行造雨，这也把公众的注意力吸引到"干预空气"上。能够控制天气的前景，这带来的结果却是几家欢乐几家愁。当某个地区的人试图把雨水降到自己的田里的时候，下风向的人们则可能会雇请律师控诉前者夺走了自己的雨水。与此同时，科学家们公开地考虑该技术的其他应用，例如在大气层的特定层次制造微粒构成的云朵来干扰太阳辐射。记者和科幻小说作家提出，有了这种技术，苏联人可能某一天在美国制造出可怕的干旱或暴风雪。通过把物质引入大气层中，人类或许可以最大规模地改变气候，或许会让气候变得更坏。

　　促使人们思维发生改变的最大因素，是令人震惊的原子能的到来。突然，人类似乎变得无所不能！在众多奇思妙想中，就包括某些专家设想的利用核弹轰击控制天气的模式，为有需要的地方带来降雨，甚至温暖北极荒原，造就宜人地带。但是，比这种乌托邦梦幻更多的是对末日噩梦的想象——电影和小说描绘了核战之后气流把放射性尘埃带到全球各地，造成生物灭绝的景象。

　　极其灵敏的仪器能够在半个地球以外检测到核试验带来的放射性落尘——这是第一种被认识到的全球大气污染形式。1962 年，雷切尔·卡森（Rachel Carson）出版了《寂静的春天》一书，警告双对氯苯基三氯乙烷（别名滴滴涕、DDT）等杀虫剂和其他化学污染可以像放射性落尘一样在全世界漂流，不但能够威胁污染源附近的生物，而且能够威胁地球上所有地方的生物。人类的恐惧倍增：不管技术是否能把沙漠变成花园，显然技术能把花园变成沙漠！

许多民众怀疑，核试验产生的放射性落尘已经在影响天气了。从 1953 年到 20 世纪 60 年代中期露天核试验终止，有些人几乎把任何不合季节的冷热旱涝都归咎于遥远的土地上进行的核试验。一篇杂志文章列举了全球温度上升的证据，作者们说："很多人都在想，原子弹是不是要为这一切负责？"[1]

这种新的威胁激起了人们在噩梦中才有的景象和感受。人类正在干涉风雨、污染一切。"大自然母亲"会因为我们对她的邪恶进攻而报复我们吗？讲述人类因违反自然规律的罪行承受痛苦报应，甚至遭受火焚末日的古代神话，至此披上了一层看似科学的外衣。除了对核武器与化学武器的争论，很少有人用到这种侮辱和冒犯的尖锐语言。但是，在气候问题上，也有很多人感觉到自然过程看来不但遵循科学定律，而且遵循道德规范。史前时代开始，就有许多部落民族把气候灾难（如反常的严冬）归咎于冒犯了某个禁忌；而在现代，求雨术士祈求上天宽宥的事情也时有耳闻。

记者们发现，一旦人们开始领会到人类的技术的确可以影响整个地球系统（可以往好的方面影响，也可以往糟糕的方面影响），"燃烧化石燃料可以改变气候"的说法就更容易被人们接受了。地球显著变暖的证据已经足够有力，说服了大多数气候学家。20 世纪 50 年代，报纸读者们不断地看到变暖的短篇报道，特别是在北极地区。例如，1959 年，《纽约时报》报道北冰洋的冰和 19 世纪相比，只剩下一半厚了。但是报道的结论仍然是："变暖的趋势并不紧迫或令人警惕。"[2] 同化学污染与核大战相比，气候变化是一个老套的话题，很可能不会造成什么危害。

雷维尔率先提出，未来可能有麻烦。在算出了大气中二氧化碳浓度有可能上升之后，他立即开始不辞辛苦地对报界和政府官员谈论全球变暖。他注意到在过去，气候曾经的突然改变可能带来了古代世界几个文明的整体毁灭，于是他警告，二氧化碳的温室效应可能把加利福尼亚州南部和得克萨斯州变成"真正的沙漠"。1956 年和 1957 年，他在国会听证会上说，"地球本身就是一艘宇宙飞船"，我们最好对它的空气控制系统多加留意。这个比喻新颖有力，雷维尔是这个比喻的最早的发明人之一。[3]

但实际上雷维尔认为，气候在几十年内不会发生很大变化，也许永远都不会发生很大变化。他只是想刺激政府为国际地球物理年和其他地球物理研究付账买单。看到地球变暖征兆的其他科学家就更少了。一本普及读物得出结论："既然二氧化碳能够使我们未来的世界更加温暖和干燥，似乎我们大有理由尽可能多地制造二氧化碳。"[4] 不管怎样，21 世纪之前不会发生任何事情，而 21 世纪还远着呢！除了碰巧读到科学记者们的报道并具有科学头脑的少数人，这个话题很少引起关注。而这些报道大多排在报纸靠后的版面，或者在新闻杂志里作为一两个小段落出现。

大气层中二氧化碳浓度在攀升是一项不可否认的事实。基林曲线在20世纪60年代逐年上升。有几位科学家开始认为，这项事务可能已经重要到人们应该考虑采取行动了。他们的意思是，人们需要对气候进行更有力的研究，以探寻这个问题的实际状态。

朝这个方向迈出第一步是在1963年。当时，基林和其他几位专家在一个由私人自然保护基金资助的会议上碰面了。他们发布了一份报告，提出21世纪大气中二氧化碳浓度翻一番之后，全球温度将上升4摄氏度。他们警告说这可能带来危害，例如导致冰川融化、海面上升，淹没重要的沿海地区。他们说，联邦政府应该对这个课题进行更加持续的关注，要有更好的组织，更多的经费。[5]

政府以固有的从容谨慎的步伐来应对这种抱怨。1965年，总统科学顾问委员会成立了一个小组来应对环境问题，其中包括一个气候专家的小分组。他们报告说，温室效应变暖是一个有现实意义的问题。这个事务被提到了官方议程的最高级别，但只是作为冗长的环境问题列表中的一项，而且其他的环境问题似乎更紧迫。按部就班的下一步是责成国家科学院组成一个委员会，发布一份权威报告。1966年，科学院如期发布了关于人类活动将如何影响气候的意见。专家们沉着地说：没有理由发出不祥的警告。但是他们确实认为，应该对二氧化碳的聚集进行密切观测。报告说："我们现在刚刚开始认识到，大气层并不是一个容量无限的垃圾场，但我们目前还不知道大气层的容量有多大。"[6] 初步的结论是这类报告的典型结论——发自科学家内心的金玉良言：应该在研究上花更多的钱。

说起来容易做起来难。正如 1966 年的科学院报告解释的：和大多数环境领域一样，"气候问题在联邦机构中并没有一个单独的支持者，也没有清晰的机制来决定预算"。20 世纪 60 年代中期，美国各个政府部门在各种气象学研究方面总共花费了 5000 万美元的经费。这笔钱并不算多，而气候变化的研究又只占其中的一小部分。[7] 相比之下，其他国家花的钱就更少了。

政府部门优先考虑的问题是对未来几天天气的预测。当思考较长时期变化的时候，专家组的名称就反映了人们是怎么想的：总统的顾问团叫作"环境污染小组"，科学院的小组叫作"天气和气候变化专家组"。当公众被问及人类对大气层的影响的时候，他们首先想到的是烟雾，其次想到人工降雨。关于全球变暖的研究的进展将主要来自为其他目的而投入的经费。

经过一个世纪的努力，"气候研究皇冠上的钻石"——对冰期的解释仍然没有被人摘下，取得进展的希望在于技术改进。

20 世纪初，几位瑞典科学家在研究古代花粉时发明了最精确、最巧妙的技术。微小而耐力惊人的花粉颗粒像形形色色的贝壳一样，种类繁多。它们具有怪异的凸起和孔隙特征，反映了生成它们的是哪种类型的植物。人们可以从湖床上或者泥炭的沉积中掘出淤泥，在酸性溶液中溶化掉其他一切东西，只留下坚韧的花粉。几小时之后，就能从显微镜下得知在沉积层形成的时候，这个地区附近曾经生长过什么样的花草树木。这种方法很大程度上向科学家们显示了古代气候是什么样子。虽然我们没有雨量计和温度计来读取 5 万年前的气候，但花粉却是一位精确的"代言人"。

花粉和其他古气候"代言人"的妙用，随着放射性碳定年技术的到来而力量倍增。人们可以走进一个冰川的冰碛层或者湖底，挖掘出古代树木的残片，通过测量它们中包含的放射性碳来确定年代。科学家们逐渐得出了可靠的气候波动的时间表。例如，对美国西部的湖泊沉积进行定年，结果显示了高度规律性的旱涝循环。这些循环很难匹配传统地质学冰期的冷热周期。不过，它们似乎符合米兰科维奇的天文计算得出的 2.1 万年周期。

另一个有前景的新技术来自生物学与核科学的精巧结合。海洋中充满了浮游微生物，包括数不清的有孔虫类（foraminifera，绰号 forams），这是一种单细胞动物，它们的壳上伸出伪足，通过伪足取食腐烂的东西。有孔虫死后，它们的壳坠入海底的淤泥里，在那里可以保留很长时间，在某些地方，大量的壳堆积，形成厚厚的白垩沉积或者石灰石沉积。1947 年，核化学家哈罗德·尤里（Harold Urey）发现了一种通过测量有孔虫壳中的氧含量来测定古代海洋温度的方法。稀有的氧 –18 要比正常的氧 –16 质量重一点，生物学家们已经发现有孔虫摄入的两种同位素的量是随着水温而改变的。这些同位素和壳体一起成为化石，而同位素（氧 –18/ 氧 –16）的比例可以用核研究中新发明的高灵敏度仪器来测量。

这个想法激起了塞萨雷·埃米利亚尼（Cesare Emiliani）的挑战欲。他来自意大利，是在芝加哥大学尤里实验室工作的地质学学生。要想得到可靠的结果，必须首先解决许多问题（尤里赢得诺贝尔奖后仍把这个问题称为"我面临过的最难的化学问题"）。[8] 在开始进行化学分析之前，首先必须在不破坏沉积层的前提下，从洋底黏稠的沉积物中提取样品。许多人为这个不起眼但却很关键的装置做出了历史贡献，让我们起码记住一个人的名字——博奇·库伦堡（Börge Kullenberg），1947年他在一次瑞典深海探索活动中解决了这个问题。他把一个活塞放入一根长管中，把长管插入海底，然后上拉活塞，就吸上来了沉积芯。库伦堡可以提取长达 20 米的圆柱泥芯。回到实验室之后，测验员把沉积泥样品放到显微镜下，挑出几百个有孔虫小壳，每个壳都不大于本书中的小数点。小壳被研磨成粉末，然后被加热提取其中的二氧化碳气体，以便测量其中的氧同位素。技术员需要非常小心地避免任何其他来源气体的污染，例如他们自己的呼吸。

1955 年，埃米利亚尼用这种方法提取了长达数百米的黏稠的圆柱形淤泥和黏土沉积芯。这些在各个航次中提取的深海样品，被小心地保存在海洋研究院所中。通过借调其他几个航次的黏土沉积芯，他汇集了令人惊叹的距今长达 30 万年的温度变化记录。从对比结果看，温度的升降不能和 19 世纪地质学家得出的冰期序列相匹配。埃米利亚尼最终否定了所有教科书上的模式——有 4 个主要冰川扩张期，间隔以漫长而相等的间冰期。他的数据显示，有几十个短暂的冰川扩张和间冰期，整个过程中伴有不规则的温度升降，更增添了其复杂性。他的数据的确和一种情况相关性很高——和米兰科维奇复杂的高北纬夏季日照曲线相当吻合。

地质学家们充满激情而熟练地保卫自己的传统纪事年表，并且一时间稳住了阵脚。研究表明，埃米利亚尼测量的有孔虫壳中关于氧同位素的数据，根本没有直接测出海洋的温度。在 20 世纪 60 年代后期，其他研究者的研究则表明，同位素的变化另有其他原因。当水从海洋中蒸发出来，变成雨雪落下而形成大陆冰盖的时候，同位素的比率就变了，较重的同位素更多地留在了海水里。所以，不管有孔虫生活的海域温度如何，在一个冰期，它们的壳所包含的较重同位素自然是比较多的。埃米利亚尼探测到的变化，反映的主要是地球冰盖的体积变化。

埃米利亚尼勇猛地保卫自己的结果，不愿退让。经过 10 年争论，所有的同事都否定了他测量的温度。但是他们也马上承认，他的工作，包括他的错误，仍然是一座里程碑。如果的确是冰盖的增减改变了同位素的比例，那么埃米利亚尼曲线的升降就反映了冰期的节奏。

错误和发现这样结合在一起并不奇怪。每一篇伟大的科学论文都是在已知世界的外部边缘写成的。如果在不可避免的困惑中有一块真正的金子，那就非常值得纪念了。

当科学家们通过显微镜对特定的有孔虫种类进行调查，一层一层地进行分析时，他们明确地确认了埃米利亚尼的基本发现是正确的。物种的聚集是随着它们栖息海域温度的变化而变化的。这些变化符合埃米利亚尼曲线，温度确实变化了。埃米利亚尼宣称在过去的几百万年里，曾经发生过几十次主要冰川运动，这基本符合米兰科维奇框架，埃米利亚尼显然是正确的。

但是，从海底淤泥中读出的结论到底有多可靠？正像关于氧同位素的争论告诉我们的：即使是对简单事实的测量也有可能具有误导性。所以，在一个结果能够被完全不同的另外方法证实之前，科学家们很少会接受这个结果。一个新声音证明了这个结论，在后来的年代里，这个声音越来越令人关注。发声者是拉蒙特地质观察所（Lamont Geological Observatory）的华莱士·布勒克。拉蒙特的科学家们生活在与世隔绝的森林中，俯瞰哈德逊河。他们把对地质学的兴趣同海洋学以及新的放射性和地球化学技术结合起来，开展了极具创新性的研究。

20世纪60年代后期，布勒克和几位同事出差到热带地区，在古珊瑚礁附近考察采样。珊瑚礁高于目前海平面的程度不等，这些珊瑚显示了随着冰盖在大陆上的聚集和融化，海水曾经落下又升起。人们可以通过测量珊瑚礁样品中的铀和其他放射性同位素的方法对它们进行定年。这些同位素每千年的衰变率已经在核实验室中得到了精确测定。和放射性碳不同，它们的衰变非常缓慢，所以在经过了几十万年之后，仍然剩下了足够多的放射性同位素可供测量。米兰科维奇的轨道周期又一次出现了，并且比以往更加清楚。

科学家们并没有立即信服天文轨道周期理论。他们很少为一个对科学问题的解答贴上"对"或"错"的标签，而是考虑它有几分可能为真。通常一组新的数据只会导致意见的部分转变，使得某种观点看上去更可信一点，或者更不可信一点。1965年在博尔德召开的"导致气候变化的原因"大会上，布勒克只是宣称"米兰科维奇假说不能再仅仅被当成是一种有趣的怪谈了"。[9] 几年之后，他和同事们积累了更多的证据，但仍然没有宣布完全证明了某事。1968年他们说："通常不被人相信的米兰科维奇假说，必须被看作气候大奖赛的头号种子选手。"[10] 有些人则不同意——他们把头号种子的位置留给了自己喜欢的假说。

不管古代气候数据多么吻合地球轨道周期，在科学家们找到天文周期导致气候变化的具体成因之前，他们不会立即相信哪个理论是合理的。没有人忘掉那个最基本的反对理由：地球轨道变迁导致的光照变化十分微小。影响大气层的因素那么多，这种微不足道的变化怎么可能造成整个大陆冰盖的凝结和消融呢？此外，为什么北半球高纬度地区日照量的增加会带来全球性的变化，同时导致南半球冰川的消融呢？如果说科学家们对布勒克的说法进行了认真思考，那也是因为其他方面的研究进展已经在推动他们重新考虑气候系统的基本性质了。

挑战常规思路的气象学家层出不穷，他们的某些推测始终有支持者，从来没有被完全否定过。例如，1925 年，受人尊敬的气候学家 C.E.P. 布鲁克斯（C.E.P.Brooks）就曾提出：冰期几乎可以随时发生，随时结束。他的出发点我们很熟悉：雪盖增加反射更多阳光，从而带来空气的进一步冷却。布鲁克斯提出，寒风将进一步吹向邻近地区，雪将迅速向低纬地带推进。极地气候只有两种稳定的状态：一种是有很小的冰盖，一种是有巨大的冰盖。某些相对较小的扰动就可能带来两种状态之间的转换。"或许在一个季节这么长的时间里"[11]，就会发生高达几十度的突然的灾难性温度升降。

大多数专家对这种说法不屑一顾。科学家们的回应是——摆出从淤泥和黏土层中还原的详细气候记录。分析显示：要超过几千年，气候才会有变化。科学家们没有注意到，从海底提取的泥芯事实上不可能记录快速的变化。因为穴居蠕虫一直在不停地搅动海泥，洋流和地质滑动也起到搅动作用，从而模糊了各个分层之间任何的突然改变。

古代的湖泊和沼泽保留了更加详细的记录，科学家们可以通过埋藏其间的花粉解读这些记录。某个特定湖泊中植物混合物成分的突然改变表明：末次冰期（最后一次冰期）并不是随着一个均一稳定的变暖而结束的，而是经过了独特的温度震荡。20 世纪 30 年代，人们在斯堪的那维亚半岛确定了一个令人震惊的事件：每个暖期后都跟着一次时间特别长的严寒天气。这个漫长的冬季被称为"新仙女木事件"。这个名称来自"仙女木"，一种优雅却生命力顽强的北极小花，它的花粉证明了斯堪的那维亚半岛曾经是寒冷的苔原。这个时期之后，气候逐渐变暖。1955 年，放射性碳研究确定了该暖期的年代，表明温度的明显震荡发生在大约 1.2 万年前。这个变化是非常快速的——当时的气候科学家们所说的"快速"，指的是在短短一两千年内就发生了变化。大多数科学家认为这个事件就算真的发生过，也不过是斯堪的那维亚的一个地方性偶然事件。

1956 年，修斯把放射性碳技术用于为深海黏土中的化石壳体定年——泥芯由拉蒙特海洋观测站的海洋学家们钻取。修斯报告说，末次冰期是随着一个"相对快速的"升温而结束的——每千年升高 1 摄氏度。拉蒙特的科学家们亲眼观察了有孔虫壳，按照它们在温水中或者在冷水中生长的两种情况进行分类，结果报告了更加突然的升温。他们说，大约在 1.1 万年以前，气候在 1000 年之内就从完全的冰川状态转变成了现代的温暖状态。他们承认，这和"通常认为的逐渐变化的观点相悖"。[12]

埃米利亚尼总是在准备和拉蒙特的科学家吵架，因为他不同意这种观点。他发表了自己的理由，认为温度升高 8 摄氏度是在长达 8000 年的时间内完成的，正是预料之中的逐渐变化。经过了相当激烈的公开辩论，埃米利亚尼大获全胜：拉蒙特小组的数据变化事实上并没有代表一次温度变迁。正像在自然记录中发现和报道的许多"突然变化"一样，它反映的只是样品分析方法的特性，而没有反映真实世界本身。

但是，在科学探索中，能让科学家们对曾经忽视的可能性进行思考的错误，也是可贵的。气候曾经在短短 1000 年之内发生剧烈变化的表面证据，启发了几位科学家去尝试找出发生过什么事件。布勒克当时只是拉蒙特一名无足轻重的研究生。他把一个大胆的想法写到了自己的博士论文里。他汇总了后来被证明是错误的研究，加上其他各种资料，看到了一种冰川震荡的模式，这种模式和公认的冰川逐渐波动式升降大不相同。布勒克说的话和布鲁克斯如出一辙："气候存在冰期和间冰期这两种稳定状态，系统从一种状态到另一种状态的变化是相当迅速的。"[13] 这只不过是布勒克少有人读的博士论文里的一句评论，而且非常像布鲁克斯那个不为人相信的理论。大多数科学家同意埃米利亚尼的观点，认为波动的资料即便是准确的，反映的也只是局部性的怪象而已。毕竟，数千米厚的冰盖需要几千年的时间积累而成，也需要几千年的时间消融。最起码，冰的物理性质是简单且不容否认的。

也有几个人不这样认为，特别是布勒克的老板，拉蒙特的建所所长，性情急躁专制的莫里斯·尤因（Maurice Ewing）。他思考着，是否存在某种机制能使气候在暖态和冰态之间迅速变换呢？尤因和同事威廉·唐（William Donn）对这种情况可能怎样发生产生了一些想法。

尤因和唐主张：如果北冰洋不结冰，就会有大量的水分蒸发掉，以至于环北极地区将天降大雪。这些雪将积累起来构成大陆冰盖，启动一次冰期。冰的形成需要从世界的大洋中汲取水分，海平面因此会下降。这将会断绝暖流进入北冰洋的浅层海峡通路，于是北冰洋会再次冻结。大陆冰盖失去了蒸发的水分，就会融化变小。于是海平面上升，暖流重新返回北冰洋，再次造成冰盖的消融。在混乱的反馈机制中，冰期循环往复。尤因和唐提出，北冰洋的冰可能消失，从而（在地质时间尺度上）相当迅速地把我们送入下一次冰期——甚至可能就在未来几百年内。

这个被许多人认为荒唐的想法，很快在科学家们中间引起了争论。除了传统的观点认为冰盖不能增长得那么快之外，他们还在尤因－唐的框架中发现了漏洞。比如，有人说，北极的各个海峡足够深，即便是海平面下降，也不会截断暖流的通路。于是，这对搭档着手去查漏补缺。一段时间内，科学家们发现他们的想法至少很有趣。1956 年，美国气象局一位受人尊敬的领导警告说："人类正在锋利的气候刀锋上玩弄危险的平衡。"如果目前预测的全球变暖趋势继续的话，它将有可能引发变化，"对人类的未来构成严重影响"。[14] 但是最终来说，尤因 – 唐假设的情景和其他大多数冰期理论相比，并没有赢得更广泛的接受。

错误的思想像错误的数据一样，也可以产出有价值的结果。尤因 – 唐的冰期模型第一次向公众描绘了一幅具有可靠科学背景的快速、灾难性气候变化图景。记者们联系北部地区变暖、冰川后退的报告，找到了一个报道"气候可能并不稳定"的好时机。对于科学家们来说，这个大胆的想法引发了对整体意义上快速气候变化机制的广泛思考。正像布勒克后来回忆所说，唐"到处去做讲座，让每个人都非常生气。但是通过惹他们生气，他们真的开始上钩了"。[15]

如果不能更好地理解气候的物理性质，这种关于快速气候变化思想的开放性思考是走不远的。尤因 – 唐框架是最后一个具有影响力的宏大 19 世纪式气候模型，它建立在某些人称之为"貌似有理的论证"基础上，另一些人则斥之为"粗糙空洞"。唯一的出路是建立数学模型——尝试用一页纸的方程式来把握全球风系的模型，正像物理学用来表达行星运动轨道的方程式一样。但是，经过一个世纪的努力，没有人成功地总结出一套数学函数来接近真实的大气层的行为。

从 20 世纪 40 年代后期开始，针对这个问题，芝加哥大学提出了一种新的解决方式。在那里，卡尔－古斯塔夫·罗斯比（Carl-Gustav Rossby）鼓励年轻的气象学家像物理学家那样进行思考。戴夫·富尔茨（Dave Fultz）建立了一个实质上物理的模型，来测试大气层的行为。他的小组在一个转台上放置了一个简单的铝质转盘，用来模拟转动的地球，用水来代表大气。他们用加热转盘外缘的方式来模拟阳光对热带的加热作用，加入染料来显示水流的模式。结果很令人激动，虽然也常常令人困惑。这个粗糙的模型显示的某种行为，很像支配着全球大部分天气波动的极地锋面。后来在芝加哥大学和英国剑桥大学的进一步实验中，人们制造了具有微型喷气流和微小漩涡流的转盘模型。

富尔茨 1959 年发表的一组照片最令人着迷。他的转盘显示了一个规则的环流模式，类似于现实世界的中纬度西风带。如果用一支铅笔搅动转盘中的水，当水安静下来的时候，其模式很可能转变为另外一种完全不同的环流模式。这很接近现实，因为大气环流的确会在相当不同的状态之间进行切换，比如说，信风随季节来去。长时期的气候变化，是不是由环流模式的更大规模的切换导致的呢？

转盘模型只是对大气层粗糙的"卡通式"模拟，虽然很令人着迷，却不能提供关于地球的确切结论。这种物理模型的真正价值在于它生动地展示了某些系统受到错综复杂的不稳定性的支配。真实的气候变化可能像转盘中的波涛一样，发生突然、恣意、完全的改变吗？

答案来自另一种对世界的完全不同的模拟方式。这种方式在一代人之前就已经尝试过，但因为没有希望而遭到抛弃。1922 年，路易斯·弗赖伊·理查森（Lewis Fry Richardson）曾提出一种完整的数字系统来进行天气预测。他的想法是把一个地区分成很多个小栅格，每个栅格中都有在某个小时内测定的气压、温度等数据，然后他用基本的物理方程来计算空气将会如何反应。例如，他可以根据两个相邻的栅格之间气压的不同来计算风速和风向。这可以得出一小时之后这个栅格内的气压和温度的情况，从而为下一轮计算服务，诸如此类。

这种系统所需要的计算量太大了，理查森几乎没有指望自己的想法能够带来可行的天气预报。就算有人组建一座"预报工厂"，雇用几万名职员用机械计算器进行工作，他也怀疑他们能否在实际的天气发生之前做出计算。他发愁地说："或许在遥远的未来，计算的速度有可能比天气的变化更快。但这只是一个梦。"[16] 不管怎样，只要他能够为典型天气模式建立一个数字模型，就有助于显示天气是怎么运作的。

于是，理查森尝试去计算在一个 8 小时的时间段里，西欧的天气是怎样发展的。他计算的起始数据是某天协同放飞的探空气球在各层大气层采集的数据。这次研究的笔算花掉了他 6 周时间，结果却完全失败了。在理查森"虚拟欧洲"的中心，大气压攀升到了非常高的水平，这在实际世界中是从来没有观测到的。气象学家们牢记这次前车之鉴，在之后四分之一个世纪里，完全放弃了对数字模型的希望。

笔算不能做到的事情，计算机有可能做到。这些新奇的机器在第二次世界大战的时候被狂热地开发出来，用于破译敌方密码和计算如何引爆原子弹；随着冷战需要越来越多的计算，计算机的计算能力也实现了飞跃。这方面的领军人物是普林斯顿大学的一位聪明而且雄心勃勃的数学家约翰·冯·诺依曼（John von Neumann）。他看到自己模拟核试验和天气预报之间具有相似性——都涉及快速变动的流体。1946 年，冯·诺依曼开始提倡用计算机对天气进行数字预测。

这个想法得到了美国气象局、陆军、空军以及渗入各个领域的海军研究办公室的支持。冯·诺依曼告诉海军，他的努力具有双重目的：不仅要预测日常天气的变化，而且要计算整个大气层的总体环流、信风等。这倒不是因为他对全球气候变化有多感兴趣，他和他的军事金主知道，要扭曲一个特定地区的气候，达到损敌利己的目的，就必须理解总环流，抓住其变化规律才行。

冯·诺依曼邀请了朱尔·查尼（Jule Charney）来担任研究项目的带头人。查尼来自芝加哥的罗斯比团队，是新一代数

学气象学家中一位精力充沛的模范人物。1949 年，查尼团队
已经计算出一个纬度带沿线的气流，得到的结果非常接近现
实。如果不仔细看，他们得出的数字和真正的天气图表已经
真假难辨了。例如，他们可以模拟一条大山脉对穿越大陆的
气流的影响。这种模拟已经向几十年后的"计算机游戏"迈
出了最初的步伐。这种游戏的玩家可以升起一条山脉，看看
将会发生什么。

挑战在于找到合适的方程，既不能花太多的计算时间，
又能得出看上去靠谱的结果。20 世纪四五十年代最著名的计
算机和后来的普通便携计算机相比都奇慢无比。组成这些计算
机的是成千上万的发光真空管，由纷乱的电线连接起来，仅仅
是修理经常发生的故障就占用了使用者大量的时间。剩下的时
间大部分用来设计有效的、现实的数学估算方法。这需要无数
小时的工作，需要数学独创性和物理洞察力的宝贵结合。

计算机运行产生的大量数据必须和真实的大气层特征进
行对比验证。这需要对不计其数的温度、湿度、风速等数据进
行测量。拜军事需要所赐，现在有途径得到这些数据了。在战
争期间和战后，各国建立了能够释放成千上万探空气球的网
络，它们能够用无线电发回对上层大气的观测结果。到了 20
世纪 50 年代，各种国际项目已经可以很好地绘出天气的日常
变化，并和初步计算机模型的数据相比照了。

1950 年，查尼团队解决了理查森的问题：对于选定的一

天，他们的计算结果和实际天气大致相似。不过，要打印和整理打孔卡片花费的时间非常长，"进行未来 24 小时的时段预报，需要花费大约 24 小时进行计算，也就是说，我们刚刚能够跟上天气的脚步而已。"[17] 到了 1955 年，他们加快了计算过程，可以开始进行实际的天气预测了。不过，又花了 10 年时间，他们才能够完全摒弃传统的读图式预报法。

这些模型是地区性的，不是全球性的。但是从天气预测中得到的方法和信心鼓励了科学家摘取最高大奖的梦想——为整个大气层的总环流建立模型。诺曼·菲利普斯（Norman Phillips）接受了这个挑战。由于当时的计算机还很原始，他只能用这种计算机计算一个圆柱状"半球"的情况，且这个半球只有两层大气。但到了 1955 年中期，他已经设计出一个数字模型，可以模拟一个看上去合理的气流，以及在几周内看上去真实的天气扰动的演变。这平息了一个长期的争论：构成环流模式的过程是怎样的？例如科学家们第一次看到，在从这个地方到另一个地方运输能量和动量的过程中，大气层中运转的巨大的旋涡如何发挥了重大作用。菲利普斯的模型很快被尊为"经典试验"——第一个真正的大气环流模型（GCM）。

但是菲利普斯的模型最终还是失败了。随着时间推移，经过大约 20 个模拟日，气流的模式看上去变得非常怪异。到了第 30 天，数字已经疯跑成了地球上从来没见过的情况。这种情况看上去和在 1922 年毁掉了理查森计划的缺陷差不多。

理查森曾经认为，他的计算只有在起始状态风的数据更加精确的情况下，才会有效。但是，1956 年，罗斯比指出：人们通过查看由很粗糙的数据编成的天气图，就能够例行公事地进行 24 小时天气预报，效果还不错。因此，困惑的罗斯比得出结论说："理查森的预测之所以失败了，肯定是因为他犯下了更加基本的错误。"[18]

随着计算机的推广，科学家们开始用计算机来进行各种各样的任务，但得出的结果常常很奇怪。这些错误有可能确实是由坏数据引起的，正像理查森认为的——"输入的是垃圾，输出的也是垃圾"——计算机专家也开始理解了。但是问题还可能是由数字计算本身的特质引起的。例如，计算机模型必须把"现实情况"削足适履地放入栅格中，这个单元格覆盖几千平方千米，实际的温度千差万别，但在计算机模型中仅仅由一个平均数值代表。建模师花费了很多年的时间，想办法改善这种方程和计算中的人为特征。

一些科学家开始怀疑，计算机模型微妙的灵敏度究竟能不能阐明真实世界。用同样的起始状况开始两个计算，它们必定得出一模一样的结果；但是，如果在小数点后第 5 位的地方做微小的修改，在计算机进行了千万轮数学运算之后，差别就越来越大，最终得出非常不同的结果。当然，人们很久以来就理解，一根恰好保持平衡的铅笔可能因为细微的不同而向左倒或向右倒。大多数科学家假设这种状况只在高度简化的情况下才会出现。而庞大复杂的全球气候系统构成了稳定的平衡，不应服从高度简化的情况。只有布鲁克斯、尤因等少数几个人想到，整个气候系统的平衡可能是非常精巧脆弱的，一个相对很小的扰动就可能引发一次巨大的变迁。

如果这种情况曾经发生过的话，那应该是因为"扰动"被"反馈"放大了。"反馈"在 20 世纪 50 年代成为时髦的术语。数学家诺伯特·威纳（Norbert Wiener）宣布了一门新科学——控制论——的诞生。威纳在战争时期曾经研究自动瞄准装置，这种装置告诉他物理系统是多么容易发生摆动，失去控制。威纳供职的麻省理工学院有几个科研组在满怀激情地进行为天气建立数字模型等项目。威纳告诉气象学家们：你们的尝试注定会失败。他引用了古老的童谣：缺了一颗钉子，亡了一个国家（缺了一根马钉，折了一匹战马，损了一名骑士，输了一场战役，亡了一个国家）。他警告说，"微小细节的自我扩大"将会挫败任何预测天气的尝试，更不要说气候了。[19]

1961 年，一个意外事件为这个问题带来了新思路。在正确的时间、正确的地点，有正确思路的人，总会在科学上走运，爱德华·洛伦茨（Edward Lorenz）就是这样一位幸运儿。他在麻省理工学院工作，是把气象学和数学结合起来的新派专家。洛伦茨设计了一个简单的计算机模型，可以产生天气模式的模拟图像，非常引人注目。有一天，他决定要重复一次计算，让某一点的数据跑得更长一些。他的计算机算出的数据有

6 位小数，但是，为了得到一个比较简洁的打印结果，他把这个数据四舍五入，只印出了小数点后面的 3 位。他把这些数字输进自己的计算机，经过了一个月的虚拟时间之后，天气模式偏离了原来的结果。小数点后第 4 位的差异，经过了成千上万次的数学运算之后，被显著扩大了。这种差异扩散到整个计算之中，得出了完全不同的新结果。

洛伦茨惊呆了，他原本指望自己的系统能够用来表示真正的天气状况。和每一分钟都可能为温度或风速带来改变的上百个次要因素中的任一个相比，小数点后面第 4 位的差别都是微不足道的。洛伦茨曾认为，对于几周之后的天气来说，小数点后 4 位的不同只会导致结果略有差别。但是，在他的预报中，暴风雨的出现和消失似乎全凭偶然。

洛伦茨没有把这个谜抛在脑后，而是开始了一种深层次的原创性分析。1963 年，他发表了一篇研究报告，对可以用于预测日常天气的各种方程进行分析。他的结论是"所有的解都是不稳定的"，所以"精确的长时段预报看起来是不可能的。"[20] 在几天之后，或最多几周之后，起始状况的微小差别就会支配整个计算。一个计算可能会预测一周后有雨，另一个计算则可能预测风和日丽。

但这并不一定适用于气候，因为气候是对许多天气状态的一种平均。这个暴风雨和另一个暴风雨的差异会互相抵消、平均，从而带来一个稳定的整体结果，难道不是这样吗？洛伦茨为气候建立了一个简单的数学模型，在一个计算机中反复地跑这个程序，每一次的起始状态都有微小的不同，计算出的结果却大相径庭。他无法证明还有传统意义上的"气候"这种东西存在，如果传统意义上的气候是指天气的稳定的、长时期的平均统计数据的话。

　　这些观点在气候学家们中间传开了。特别是在 1965 年博尔德召开的"导致气候变化的原因"大会上，洛伦茨受邀致开幕词，他解释了起始状态的微小改变就可能给未来的气候带来随机的巨大改变。他总结说："气候可能是确定性的，也可能不是确定性的"，"我们可能永远都不能确切地弄清这一点。"[21]参加大会的气候学家们还对新证据进行了思考，这些新证据表明，古代冰期的开始和结束可能是在米兰科维奇计算的地球轨道的微小变迁下发生的。难道气候是一种从根本上来说如此不稳定的系统，以至于一个最微小的推动力就能够使它从一种状态进入另一种状态吗？

　　这加剧了当时大会上的怀疑论调，人们猜想气候不仅能轻易地改变，而且能快速地改变。几年前人们还不这样认为，但现在这种猜想日益增长。布勒克、尤因，还有其他人提供了各种各样的新旧证据，证明在大约 1.1 万年以前，真的发生过一次全球气候的重大变迁：在不到 1000 年的时间里，温度变化了 5~10 摄氏度。这使他们想起了转盘试验中出现的突然变迁。当然，融化巨大冰盖的确需要几千年的时间，但是现在科学家们认识到，在冰盖融化的过程中，较轻的大气层会很容易发生波动。雷维尔在大会结束时总结了一项共识，他宣布，过去发生的微小、暂时的改变"可能足以让大气环流从一种状态切换到另一种状态"。[22]

海洋环流也可能在不同的状态之间切换吗？一些人开始质疑传统的几千年不变的迟缓环流模式。特别是布勒克，在他还是个研究生的时候，就通过对古代湖面的变化和海洋数据的对比注意到了气候的跃变。他曾在海洋泥芯里看到气候在千年之内剧烈变化的信号。在博尔德会议上，俄勒冈州立大学的彼得·韦尔（Peter Weyl）提出了一个尤具挑战性的想法。当时他正在研究冰期的复杂理论，其中涉及盐度的变化如何影响海冰的形成。这个理论在众多推测性的、独特的模型中，并不引人注目，但是它有一种新颖的思路。韦尔指出，如果环绕冰岛的北大西洋盐度变小（例如，融化的冰盖用淡水稀释了海洋的上层），海水表层密度也将变小，从而不再下沉。沿洋底把冷水运到南方的整个环流就会戛然而止。之后，热带水向北运动的补偿流也就没有了，新的冰期就开幕了。自19世纪钱伯林以来，也曾有人推测全球变暖可能会改变大洋环流。现在，清晰的计算证明了这种观点，表明环流（后来被称为"热盐环流"）的平衡的确很脆弱。

轨道变化、风的型式、冰盖融化、大洋环流，这一切似乎都在相互作用。20世纪60年代，不仅气候研究者，其他领域的科学家和警觉的公众也开始认识到地球的环境是一个极为复杂的结构。空气、水、土，或者生物的任何特性对其他特性的改变都可能非常敏感。科学家们正在放弃传统的思考方法，即每个专家支持一个自己最喜欢的特定诱因（从火山到太阳）引起气候变化的假说。看起来，是许多因素共同做出了贡献。在众多外部影响因素中，最受关注的是洛伦茨等人提出的：复杂的反馈可以使系统在内在动力的作用下波动。1969 年，一位权威人士写道："目前，被广泛接受的是：大多数的气候变化……要归功于各种因素的综合作用。"[23]

　　研究立场的变化，向所谓的"整体性方法"的转变，也推动了科学家们工作方式的改变。在没有掌握大量关于不同事物的信息之前，人们连一个看似合理的气候变化的模型都建立不起来，更别说用数据来和它进行比对了。不同领域的科学家们彼此需要，这一点变得再清楚不过了。1965 年的博尔德会议就是让不同类型的专家开始紧密互动的场合之一，科学家们从彼此的发现中吸取营养，或者互相挑战，这两者同样有价值。

第 4 章
可见的威胁

　　科罗拉多大学天体物理学家沃尔特·奥尔·罗伯茨（Walter Orr Roberts）注意到，博尔德宽广明亮的天空中，正在发生某些变化。1963 年的一个早晨，当他和一位记者谈话时，他指着头顶上喷气式飞机的凝结尾，预测说到了下午 3 点左右，它们就会发散变薄，和卷云区分不开。下午的观察果然证实了他的预测。罗伯茨怀疑，在空中交通繁忙的地区，飞机带来的云量增加已经足以影响气候。有辨识能力的人，已经能用肉眼看见人类对大气层的影响。

　　大概在同一时间，威斯康星大学气象学家里德·布赖森正在飞越印度去参加一次大会。他惊讶地发现，他看不到大地——他的视线不是被云挡住了，而是被烟尘挡住了。后来，他在南美洲的巴西和非洲也看到了类似的霾。这种霾是如此普遍，以至于当地气象学家早已习以为常，从来没有想过去研究它们。但是布赖森意识到，这种霾并不是热带地区亘古不变的自然现象：他看到烟尘从田野里升起，那是日益增多的刀耕火种的农民在放火烧田；他看到被过度放牧的草原变成了沙漠，上面升起了尘土。布莱森猜测，这种影响可能会蔓延至全球。这些烟尘和工业污染联合，可能阻挡大量的阳光，显著降低地表的温度。布赖森写道："如果能证明我是错的，我就太高兴了。这个问题太重要了，所以不能交给五六个兼职调查员。"[1]

　　事实上，很少人研究气溶胶（气体介质中的微观颗粒）会怎样影响全球气候。简单的物理理论指出：气溶胶会使来自太阳的辐射散射回到太空中，带来地球降温。气象学家们早就相信，火山爆发产生的灰尘引发了这种效应。气溶胶不仅拦截了阳光，而且可能通过左右云朵而影响气候。如同喷气式飞机的尾气一样，人类其他类型的排放也会增加云量，增加对光照的干涉。20 世纪早期的研究表明，只有在足够多的"云凝结核"存在的情况下，云朵才能形成。"云凝结核"是一种水汽在其表面可以凝结的小微粒。用碘化银烟雾"播云"进行人工降雨在 20 世纪 50 年代成为广泛的商业活动后，人们对上述过程的研究兴趣倍增。

　　对在一个小地区用特殊化学物质"播云"的研究，很难说明人类工农业排放的微粒对全球气候造成了什么样的影响。不过，很少有人尝试去攻克这个难关。观测和理论似乎都极端困难，不值得尝试。气溶胶方面有限的几位专家的精力，主要用于研究实际性强的问题，例如研究气溶胶对健康的影响。公众对空气污染越来越不满，这促使科学家们开始研究城市烟雾，结果发现，这是一种细小的、有时致命的化学分子和更大微粒的混合物（也有可能是致命的混合物）。与此同时，其他气溶胶专家在进行工业流程方面的工作，例如为生产电子产品建立洁净室；也有人研究微粒如何散射激光这样的军事问题。这些研究人员和研究其他气溶胶问题的同行偶尔才会有接触，和其他气候相关学科的科学家的接触就更少了。

一位可敬的气候学家小 J. 默里·米切尔（J.Murray Mitchell, Jr.）研究了这个问题。他受到了一种新型气溶胶的启发。对核试验产生的落尘的研究表明，释放到平流层的细小灰尘将在那里停留数年，但是并不会从一个半球飘流到另一个半球。得知此事后，米切尔仔细研究了全球温度统计数据，并把它们和著名的火山喷发记录列在一起进行对比。1961 年，他宣布，巨大的火山喷发造成了特定半球平均温度的不规则年度变化。但是他不能找出火山爆发和更长期气候趋势的关系，特别是 20 世纪上半叶的全球变暖不能和火山爆发次数减少相吻合。

1961 年 1 月的一天，纽约市大雪纷飞，异常寒冷。米切尔在一个气象学家的会议上发言，指出虽然全球温度直到 20 世纪 40 年代一直都在变暖，但是最近的温度却在下降。因为各个地方和各个年份的温度差别都是随机的，所以，虽然人们进行了千百万次的气象观测，却没有发现这种逆转。实际上，从来没有人对全球大范围的平均温度给出过可信的计算。但是，现在米切尔刻苦地对这个难题进行了一次看上去很不错的尝试，算出了一次明显的降温。当时的气候变化理论没有一个能解释这种降温。米切尔只能称之为"一个古怪的谜题"。[2]（图 6-1）

在整个 20 世纪 60 年代，气象学家们不断地报告相对较低的全球平均温度。即便是专家，也会对出门所见的天气给予特别关注，他们的所见使他们怀疑全球变暖到底有没有在发生。不过，他们已经开始质疑传统的乐天派观点——气候的调节处在稳定的自然平衡之中，对人类的干预具有免疫力。

乐天派的观点几乎在各地都在衰落。1970 年举办的第一个"地球日"标志着环境主义充分进入了公众意识，人们开始采取直接的政治行动。对很多环境主义者来说，几乎所有的新技术看上去都是危险的。人类对自然的干预开始被视为愚昧的、鲁莽的，甚至是邪恶的。在每一个民主的工业国家里，公民们都在要求政府实施环境保护法。各国政府让步了，采取了措施来减少烟雾、净化供水设施等。

和平常人一样，科学家们也受到这种新态度的影响。他们越来越相信人类活动能够扭曲整个地球物理系统。反过来，科学家们的新观念和新发现对说服公众相信严重的环境损害近在眼前至关重要。对科学和社会的关系进行仔细思考之后，一些人会说，公众意见对科学新发现做出了明智回应；另一些人会说，科学家的判断屈从了当时的民众偏见。这两种观点都把科学理念和大众思想分得太开了。科学家的观点和公众的看法其实是共同演进的。

关于喷气式飞机可能增加云量的问题，早在可靠的科学探索开始之前，罗伯茨就进行了试探性的观察，这是一个科学观点和公众观点共同演进的范例。1963 年 9 月 23 日，《纽约时报》用头版报道告诉读者，喷气式飞机"可能会对主要航线沿途的气候造成微妙的改变"。这个偶然的推测在 20 世纪 60 年代中期成为一个大问题。当时，美国政府宣布了一项组建超音速运输机编队的计划。一年中，成百上千的航班将会把水蒸气和其他尾气排放到稀薄的高空平流层中，那里天然气溶胶稀少，新排放的化学物质可能逗留数年以上。公众的反对迅速增长，迫使国会在 1971 年取消了这项计划。主要反对者们抱怨超音速飞机编队的噪声会让人受不了，而且也太浪费纳税人的钱了。不过，科学家们警告说超音速编队排放的尾气将破坏平流层，这也支持了公众的反对意见。

1970 年，对于超音速运输机和其他一系列环境问题的忧虑促使一些政策倡导者组织了一个首创性的"关键环境问题研究项目"。来自各领域的 40 多位专家在麻省理工学院举行了会议，在一个月的时间里，研讨了空气和海洋污染、沙漠扩张及其他由人类导致的各种危害。他们的一项报告认为，在过去的几十年，美国上空的卷云确实增加了，和罗伯茨猜想的一样。这意味着增加一个超音速运输机编队对平流层造成的影响可能和火山爆发一样。当然，这种情况也可能不会发生——专家们承认他们根本没有能力对实际效应进行计算。在他们的结论性大会报告中，潜在问题列表的第一项就是全球二氧化碳增加。这个问题也超出了他们的计算能力，他们只能模糊地警告会有"大面积的干旱、海平面变化等"。这项研究的结论是：

全球变暖的危害是"这么严重，所以必须要对气候变化的未来趋势进行更多研究"。[3] 还是发自肺腑的老话：应该在研究上花更多的钱。没有人考虑应该建议人们为限制二氧化碳排放而采取实际行动。

所有参会者都是美国居民，只有一位例外。毕竟，1945年以来，美国人不仅在气候学，而且在大多数科学领域都占据了统治地位。当时，其他工业化国家都在从战争的破坏中艰难地恢复。但是，到了 20 世纪 70 年代，美国之外的世界已经恢复了，开展解决气候问题所需要的多国合作的时机已经成熟。1971 年，在多个私人和政府机构的资助之下，来自 14 个国家的专家在斯德哥尔摩召开了一次综合性大会。这是完全聚焦于"人类对气候影响的研究"的第一次主要会议。会议的讨论详尽费力，但人们并没有对可能发生的事件达成一致。不过，人们都同意：气候有可能发生更严重的变化。例如，如果北冰洋冰盖消失了，我们就可能从此被送上不归路，回头无岸——这正表明了"一个复杂的且可能是不稳定的系统的敏感性，人类可以对这个系统造成显著的改变"。这篇读者众多的报告在结尾处响亮地呼吁人类关注排放的颗粒污染物和温室气体导致的危险。科学家们宣布："在未来的 100 年中，由于人类的活动，气候可能发生危险的变迁。"[4]

新闻报道中的天气灾难，助长了这种新的忧郁情绪。1972年，大旱灾毁掉了苏联的庄稼，印度的雨季也没有到来。美国中西部发生了严重旱灾，报纸头版和电视新闻节目中反复报道旱情。世界粮食价格创下了历史最高纪录。最惊人的是，非洲萨赫尔的连年旱灾达到了一个骇人的顶峰，几百万人挨饿，几十万人饿死，并且引发了大规模移民。电视和杂志画面展示了太阳炙烤的大地、瘦骨嶙峋的难民，如同把气候变化可能导致的后果放到了人们的窗外。

促使科学家考虑气候快速和灾难性变化的因素，不仅仅是公众情绪，对历史气候进行研究得出的新数据也令科学家印象深刻。一些最具震撼性的数据来自威斯康星大学——布赖森在这里集合了一个小组，对气候进行新的、跨学科的研究。研究组中包括一位研究美国中西部原住民文化的人类学家。通过对骨头和花粉的研究，科学家们推断，在 13 世纪初，一次大旱灾打击了这个地区。这正是美国筑墩人文明（Civilization of the Mound Builders）没落的时期。我们已经知道，大约在这个时期，一场巨大的旱灾毁掉了西南部的阿纳萨奇（Anasazi）文明（其证据是他们用来造屋的古木年轮很窄）。同 13 世纪初的大旱灾相比，20 世纪 30 年代破坏性的"大尘暴"简直是温和又短暂。许多历史证据表明气候变化的规模是全球性的，并且看起来具有明显的起始点。到了 20 世纪 60 年代中期，布赖森得出结论："气候变化的模式并不是缓慢的、渐进的，而是明显不连贯地从一种（大气）环流体系'飞跃'到另一种环流体系。"[5]

接着，布赖森小组重新审查末次冰期结束前后的花粉的放射性碳定年。1968 年，他们报告说，大约 10500 年前，树种的混合物曾经发生了一次快速变化。在此之前，气候学家所说的"快速"变化指在短短 1000 年之内发生的事情。而布赖森和他的合作者发现了在 100 年之内的变化！通过对过去上万年中几百个放射性碳定年数据的考查，研究组得出了令人不安的结论："准稳定的"气候时期被灾难性的"断裂"终结，"在最多一两百年内，气候就发生了剧烈的变化"。[6]

当然，要改变一片特定的森林并不需要全球性气候变化，局部事件就能做到。许多专家仍然认为：全球气候能在不到 1000 年内发生改变的想法纯属猜测。当时，布赖森等科学家愿意宣布他们的数据显示了灾变，部分原因在于当时的公众情绪允许他们这么做。与此同时，这种言论被科学记者挑拣出来，散播出去，也有助于大众情绪的转变。20 世纪 70 年代关于气候的大众文章几乎都会引用布赖森的成果，至少会提及他的观点。

布赖森的观点不能被搁置，因为在地球两极发现了确凿的证据。第一份报告来自格陵兰冰封的高地，其在 19 世纪关于冰期的争论中已经扮演过重要角色。少数大胆的地质学家推测，在遥远的过去，格陵兰曾经存在厚达 1000 米的冰盖。而令人惊讶的是，格陵兰探险家们果然在他们的雪橇下面发现了这种东西。几百年来，一层又一层，冰盖冷冻了对过去的记录。

第一次提取"冰记录"的尝试开始于国际地球物理年期间。当时几位科学家来到了世纪营（格陵兰冰盖高处的一处军事设施）。棘手的后勤问题由美国政府解决。美国之所以这么做，是因为这个地区具有通向苏联的空中捷径，美国急于掌握北极的这个地区。在这里，脱掉手套几分钟调试仪器就可能冻掉一层皮，甚至冻掉整个手指。1961 年，人们用一个经过特殊改装的钻头钻出直径 12.7 厘米的冰芯，总长度达到上百厘米，这在极寒的情况下是非常了不起的！

提取冰芯的可行性被证实之后，科学家们开始梦想钻取更深的冰芯，研究更古老的过去。冰芯钻探家开始形成自己小小的专门领域，并开展国际合作，到世界各地的冰盖上去冒险。来自不同国家的人具有不同的研究兴趣，使得协商耗时漫长，甚至令人痛苦。但是合作带来的成果是值得的。因为它汇集了许多专业技能，也汇集了能够提供资助的各色机构。科学家们尽力把数以吨计的精巧设备运到了世界之极。昂贵的钻头可能卡在 1 千米深的地方，收不回来，但是工程师会返工修改设计图，项目领导人去尽力争取更多的经费，于是工作还是缓慢地推进了。[7] 经过 5 年的努力，世纪营的钻头触到了 1400 米以下的基岩，取出的冰芯有 10 万年那么古老。两年之后的 1968 年，另一支队伍甚至从更加寒冷和遥远的南极取出了长长的古老冰芯。

　　人们从冰芯中能够读取很多信息。例如，具有很多酸性尘埃的单独沉积层表明过去曾发生火山爆发。在钻芯深处，发现了大量的矿物质尘埃，表明在末次冰期的时候，地球的气候多强风，甚至将远在中国的尘埃带到格陵兰岛上了。但是最大的希望来自冰中的气泡。地球上这种奇妙的东西完好地保存了古代的空气，简直就是上百万个微小的"时间胶囊"，这是科学界的幸运。不过，在很长的一段时间里，人们不知道如何可靠地提取和测量气泡中的空气。

　　在早期，最有用的工作是对冰本身的研究。研究方法是1954 年由丹麦天才冰川学家威利·丹斯戈尔德（Willi Dansgaard）想出来的。他指出，氧同位素的比例（氧 –18/ 氧 –16）显示了降雪时云的温度——空气越热，就有越多的重同位素进入冰晶。可想而知，当某天研究人员测量从冰洞中提取的圆柱冰芯，发现同位素的比率发生了变化，从而意识到他们找到了最后一次冰期时，他们有多兴奋。1969 年发表的对冰芯的初步研究显示，同位素的变化可能代表 10 摄氏度的温度变化。通过将格陵兰的冰芯和南极的冰芯进行对比，人们发现气候变化的确是全球性的，基本上同时降临于两个半球。这一发现立即把某些旧的、仅仅依靠地区性情况得出的冰期理论扔进了垃圾桶。

　　对冰芯的研究印证了布勒克曾经注意到的深海沉积物中的一个细节：冰川周期符合锯齿状曲线。在每一个周期，突然爆发的变暖总会跟着一个相对缓慢的、不规则的降温，经过几万年，气温才恢复到寒冷状态。用地质时间尺度来衡量，贯穿人类文明史的这种暖期通常不会持续太久。除了这些令人着迷的线索，格陵兰的冰芯对长时段周期没有什么发言权。因为极深处的冰好像焦油一样流动，使记录变得混乱难解。虽然冰芯钻探家付出了巨大努力，但是，在20世纪70年代，最可靠的数据仍然来自深海钻芯。

提取深海钻芯的工作，同样辛苦而危险。人们要在随汪洋起伏的甲板上拖拽又长又湿的管子。海洋学家们（像冰芯钻探家们一样）远离家人，在斯巴达式的艰苦条件下，和同行紧密地共同生活几个星期，甚至几个月。研究组的工作可能进展顺利，也可能不顺利。但无论如何，他们都要进行长时间的劳动。问题很刺激，结果很令人振奋，对工作的全身心投入则是常态。

为了避免"劳而无功"的后果，洋底钻探家们必须动用他们的一切知识，外加运气，来找到正确的取样地点。在这些为数不多的地方，泥沙在洋底的沉积非常迅速和稳定，并且从未受到过干扰。20世纪60年代，工程师研究出了连续提取百米黏土钻芯的钻探技术。这正是20世纪50年代以来埃米利亚尼梦寐以求的。与此同时，科学家们设计出了巧妙的办法，能够从沉积层中提取从前气候的数据。

其中最明显的特征是一个10万年的周期，这个特征非常重要，是一把揭开气候谜题的钥匙。这个长时段周期在以前对海床钻芯的几次研究中，曾经被初步确定。一种完全不同的记录印证了这一周期。在捷克斯洛伐克的一个泥砖场，乔治·库克拉（George Kukla）注意到风吹来的尘土已经构成了深层泥土（地质学家们称之为"黄土"）。冰盖的多次扩张和收缩，通过不同类型黄土所构成的色带肉眼清晰可辨。这是在本故事中为数不多的，瞪大眼睛寻找就可在传统田野地质学中得到巨大回报的例子之一。泥砖场相对大洋钻探地点正好处在地球另一端，分析表明，10 万年的周期在这里也很突出。

但是，没有人能够完全肯定这个周期。放射性碳衰变得太快了，不能为超过几万年的样品进行定年。更久远的时间只能通过测量钻芯的长度来进行估计，而沉积是否按照均一的速率进行也不能确定。1973 年，尼古拉斯·沙克尔顿（Nicholas Shackleton）运用放射性钾的新技术确定了年代。放射性钾的衰变要比放射性碳的衰变慢得多。他把这项技术用来分析一个从印度洋提取的非常规整的深海钻芯，即著名的 Vema 28–238 钻芯（以拉蒙特的海洋考察船命名）。这个钻芯可上溯上百万年，获得了大量精确的数据。沙克尔顿对它进行了精妙分析。当他把结果展示给一屋子的气候学家的时候，大家禁不住欢呼起来。

沙克尔顿的图表和其他的长钻芯相互印证，终于板上钉钉地证明了埃米利亚尼坚守的观点是对的——不只有 4 个主要的冰期，而是有几十个。通过对这些数据进行复杂的数字分析，人们发现了一整套最可靠的频率。冰盖的凝结和消退遵循了一种复杂的节奏，周期大致是 2 万年和 4 万年，以及占主导地位的 10 万年。这些数字和米兰科维奇关于轨道变化的原始计算很接近。特别引人注目的是 1976 年对印度洋钻芯进行的一次高精度研究，把 2 万年的周期细分为由 1.9 万年和 2.3 万年组成的一个周期对。这恰恰是最新最精确的天文计算所预测的"分点岁差"，一种地轴的摇摆。这些研究让大多数科学家相信，轨道变化是长时段气候变化的中心因素。

但是这种观点的老对头仍然存在——抵达地球的光照量的变化太小了，不足以影响气候。更糟的是：记录是由 10 万年周期主导的，这种情况下日照量的变化尤其微弱（由偏心率的微小变化导致，偏心率是地球环绕太阳运行的轨道与正圆的微小偏离）。沙克尔顿和其他人很快就认识到，唯一合理的解释一定是："反馈"把变化放大了！据推测，反馈和其他类似长度的自然周期发生了"共振"。而轨道的变化只是起一种"起搏器"的作用，确定内驱式的反馈周期开始的确切时机。在米兰科维奇时代，大多数气候学家曾经认为这种情况不大可能发生。但到了 20 世纪 70 年代中期，科学家们在大自然的各个角落都发现了反馈，这些反馈"枕戈待旦"，随时准备对外部影响做出一触即发的响应。

和日照变化的节奏相符的自然周期是什么？最明显的

"嫌疑人"是大陆冰盖的周期变化。在冰开始向外流动之前，要由落雪进行几千年的沉积。一个"嫌疑从犯"则是地球的固体地壳的运动。从地质角度而言，地壳并不是真正的"固体"，它会在冰盖的重压下发生缓慢下陷，而在冰盖融化的时候，地壳会缓慢回弹（斯堪的那维亚在 2 万多年前摆脱了冰盖的负担，现在其地壳仍然每年升高几毫米）。自 20 世纪 50 年代以来，科学家们就推测冰期发生的时机可能是由这些缓慢的塑性流体、延展的冰盖和变形的地壳岩确定的。到了 20 世纪 70 年代，一些科学家发明了精巧的数字模型，提出了由冰盖的积累和流动，以及相关的地壳运动、反射太阳光的变化、海平面的升降所形成的"反馈"怎样驱动了 10 万年的周期。这些模型很显然是推测性的，因为关于这些过程，没人有可靠的方程和数据。但是，某些类型的自然反馈系统能够把微弱的米兰科维奇日照变化（或者还有其他的变化？）放大成完全发育的冰期，这一点看起来的确有可能。

古代温度曲线符合复杂的天文周期，不管成因是什么，其符合的精确程度简直令人感觉不可思议。科学家们自然而然对这个曲线继续进行计算，并从时间上进行演绎。他们预测曲线在未来约 2 万年内都将往下走。因此埃米利亚尼、库克拉、沙克尔顿和其他专家得出结论，地球正在逐渐进入新的冰期。

或许按照地质时间尺度衡量，进入冰期的过程并非渐进的。1972 年，美国气象局的一位可敬的专家默里·米切尔说，以前的旧观点认为冰期演进遵循"漫长的、节奏性的周期"，新的证据则表明了一个"快得多的不规则演进"，地球"可以在短短几千年内实现冰期和间冰期两种状态的转换（某些人甚至说会在短短几百年内）"。[8]这些转换（特别是1.2万年前的"新仙女木事件"）的证据来自对古代冰碛、古代岸线、湖泊水面、最未受扰动的深海冰芯中的贝壳等的放射性碳研究。最令人信服的证据来自由丹麦人和美国人组成的丹斯戈尔德研究组从格陵兰钻得的冰芯。渐变的周期中夹杂的是丹斯戈尔德所称的"惊人的"变迁，可能只持续短短的一两个世纪，比如"新仙女木事件"。[9]也可能这是一个假象，因为在极深处流动的冰打乱了记录——如果当时北大西洋（甚至全球）气候不是果真发生过剧烈变化的话。

为什么科学家们越来越愿意考虑"全球气候可能在百年中发生巨大变化"呢？这是因为用这个观点思考问题，能使这个谜题的各个片段越来越好地组合在一起。20世纪五六十年代通过转盘（或计算机运行的简单方程组）开发的天气和气候的初级模型不断发生意外故障。科学家们可以轻视这些粗糙的模型，说它们不能得出可靠的结果，但是通过历史数据显示气候极端不稳定性的主张并非空穴来风。研究员们可以说这些数据中的不连贯是"因为地区性变化或者简单错误而产生的人为结果"，但是这些模型显示，这些跳跃按照自然规律是有可能发生的。

第 4 章　可见的威胁

科学家们开发出来的模拟大陆冰盖的方程，也展示了足以令人忧心的突变前景。1962 年，约翰·霍林（John Hollin）提出，南极大量数千米高的冰在缓慢地向海洋推进，这些冰原本是被它们外缘触着的海底"接地线"固定的。海面的上升会使冰盖浮起，离开洋底，从而使整个巨大冰盖更快地流入大海。这个观点激起了亚力克斯·威尔逊（Alex Wilson）的好奇心，他指出这会导致"跃动"现象。冰川山脉可能突然摆脱通常的缓行状态，以每天上百米的速度向前冲。长久以来，冰川学家就知道这种现象。他们认为这种现象的发生是因为底部的压力使得冰融化成水，对冰流起到了润滑作用。随着冰开始移动，摩擦力融化了更多的冰，于是流动就加速了。南极的冰可能因这种方式变得不稳定吗？

如果是这样的话，威尔逊描绘的后果将很可怕。随着冰滑入大海，世界上的海滨将被淹没。但是，这个问题和冰川跃动带来的其他后果相比，简直就是毛毛雨——因为大量冰盖会滑入南部诸洋，通过反射阳光而使世界变冷，带来新的冰期。

在整个 20 世纪 60 年代，很少有科学家相信这些观点。南极的冰在很多地方厚达 4 千米，看上去是牢固地接在南极大陆的基岩上的。但是在 1970 年左右，俄亥俄州立大学大胆又古怪的冰川学家约翰·默瑟（John. Mercer）注意到了南极西部的冰盖。这个冰盖相对较小（但仍然是非常巨大的），被一条穿过大陆的山脉分隔开。默瑟认为，这个冰盖和浮在它周围的冰架维持了一个特别精妙的平衡。稍有变暖，冰架就可能解体。如果南极西部冰盖脱轨滑入海洋，将会导致高达 5 米的海平面上升，人类将被迫放弃许多大城市。默瑟认为这种情况会很快发生，甚至可能在未来 40 年内。

其他冰川学家发现这个问题很有趣，他们利用国际地球物理年期间及以后横穿部分南极大陆的探险考察得来的数据，建立了冰川运动模型。他们发现，果然南极西部冰盖有可能是不稳定的。1974 年，一位作者得出结论说，冰盖"完全有可能"已经开始向前滑了。[10] 所有人都承认这些模型是高度推测性的。从物理学角度来看，在未来几百年，南极西部冰盖解体的可能性微乎其微。但是如果在未来几百年，跃动导致南极洲1/5 的冰滑入大海，那么后果非同小可。模型太简化了，不能完全排除甚至更快的崩溃发生的可能性。

20 世纪 70 年代的气候专家们看起来非常痴迷研究冰，这其实符合公众的兴趣。因为科学记者喜欢写未来可能发生的洪水和冰期，这类景象比逐渐变暖的理论更能吸引读者的眼球。至于气候专家，一百年来，他们的职业都是关注冰期。他们的野外工作都是为了测量暖期和冰期之间的摆动。他们的案头工作，则是努力寻找这种摆动的成因，这是个大挑战。现在他们开始把注意力从过去转向未来——研究"气候变化"具有的最自然的意义就是"下一个向冰期的摆动"。

1972 年一群研究冰期的主要专家在布朗大学碰头，讨论目前的温暖的间冰期会如何结束，何时结束。通过分析格陵兰的冰芯、埃米利亚尼的有孔虫和其他实地证据，他们同意：间冰期往往是短暂的，并且会相当突然地结束。此外，与会的多数专家进一步同意：把米兰科维奇曲线演绎到未来，可以得出"我们的暖期的自然结束无疑已经很近了"。他们注意到气象记录表明，世界自 1940 年以来并没有变暖。科学家们还远远不能达成一致。某些人坚持，任何降温都会被温室效应的暖化所抵消，或者被其他未知因素抵消。但是大多数人同意：严重的降温"肯定会在未来的几千年甚至几百年内到来"。[11] 研究组的几位成员给理查德·尼克松总统写了一封信，呼吁政府支持加强气候研究。这是一个 20 世纪 70 年代政治运动的典范——受过科学训练的人们和决策层精英取得联系，来共同应对地球环境的未来。

　　研究组推测：自然周期并不是最大的危险。有些人担心二氧化碳导致的全球变暖，另一些人则认为全球变冷的危险更大。米兰科维奇曲线预测了未来千年将发生降温，人类工农业产生的烟尘将会加速这种降温的到来吗？布赖森就越来越坚定地主张：这种快速降温太有可能发生了。

　　正像布赖森在飞越热带地区时所注意到的那样，整个地区可能处于霾之中长达几个月。早在 1958 年，就有一位专家说："受污染的大气和未受污染的大气之间，已经无法画出任何严格的分界线。"[12] 但是，大多数气象学家都没有及时注意到城市以外污染的扩散。直到烟雾研究者建立了监测台网络，定期监测大气层的浑浊度，这个问题才得到了更好的理解。1967年在辛辛那提，国家空气污染控制中心的两位科学家报告：在上千平方千米的区域范围内，空气整体的浑浊度正在逐渐增加。进一步的检查发现，在远至夏威夷和南北极的遥远地区都出现了浑浊度的增加。难道人类排放对全球气候的影响不是发生在抽象的未来，而是发生在当下吗？世界上的海洋和大气不能再被看作是永远填不满的垃圾场了，它们已经无法安全地吸收所有的排放。报告指出，北大西洋地区20世纪60年代后期的空气要比20世纪第二个十年脏了两倍，这表明把气溶胶清理出大气层的自然过程跟不上人类排放的步伐。这使人们变得更加担忧了。

但是，这种霾究竟在多大程度上是真正由人类造成的呢？1969年，米切尔宣布了他对温度和火山关系的统计研究。根据他的计算，1940年以来，北半球总降温的大约2/3是因为几次火山爆发造成的。他得出结论说："人类作为向自然排放烟尘的工厂，只是个可怜的二当家。"[13] 但是，关于火山爆发的影响有多大，而人类污染的影响又有多大，其他气候学家却不能达成一致意见。他们只能承认，这些问题被忽视得太久了，应该对它们进行持续详查。

1971年，S. 伊曲提雅克·拉苏尔（S.Ichtiaque Rasool）和斯蒂芬·施奈德（Stephen Schneider）凭借一个先驱性的数字计算加入了这场讨论（这是施奈德撰写的第一篇大气科学论文，后来他成为著名的全球变暖评论家）。拉苏尔和施奈德发展了米切尔等人提出的理论，解释了气溶胶如何发挥不同的作用。某些种类的霾不仅不会降低大气层温度，反而会使它变暖。这取决于气溶胶吸收了多少来自太阳的辐射和捕获了多少来自地表的热辐射。拉苏尔和施奈德的计算得出的结果是，更有可能发生降温。他们宣称，如果污染继续快速增长的话，"将足以引发一次冰期"![14] 其实，他们的方程和数据过度简化了。在研究前沿，除非论文能够经受住检验和批评，否则是不会有人相信的。科学家（包括施奈德本人）很快指出了它严重的缺陷。但是，如果这篇论文是错的，那么正确的解读又是什么呢？

　　气溶胶除了可以对辐射产生吸收和散射这类直接的效果，它们的作用还存在着一个更大的谜：微粒是如何有助于特定类型的云的形成的？而在这之上，又有另一个同样难解的谜：特定类型的云是怎样反射来自太阳或者地球的辐射，从而冷却或温暖地球的？简化的计算尝试了各种微妙而复杂的影响因素。唯一确定的事情是：气溶胶可以造成气候改变。

　　许多人想知道气溶胶、二氧化碳，或其他的人类产物能够造成多大的不同。为了回答这个重大问题，科学家需要比粗糙空洞的模型更好的东西。他们于是求助于数学计算。1963年，弗里茨・默勒（Fritz Möller）在普拉斯的先驱性工作（见

第 2 章）的基础上，开发了一种描述辐射如何驱使一个典型的气柱上下运动的模型。他的关键假设是：整个大气层的湿度应该随着温度的升高而升高。为了把这个情况纳入计算，他把相对湿度设为常数，1896 年，阿列纽斯做出先驱性的计算时就是这样做的（见第 1 章）。默勒算出了和阿列纽斯的发现相同的放大性反馈作用。随着温度的上升，空气中将保存越来越多的水蒸气，从而加强它对温室效应的影响。

默勒完成计算时，被结果惊呆了。在某些合理假设之下，大气层中的二氧化碳浓度翻番将会让温度升高 10 摄氏度——甚至更大幅度的升温也有可能。越来越多的水会从海洋中蒸发，直到大气层充满水汽！默勒发现这个结果实在荒谬，这使他对整个理论产生了怀疑。确实，后来发现他的方法有致命错误。但是很多研究都是从有缺陷的理论起步的，这促使人们提出更好的理论。一些科学家认为默勒的计算很迷人。这种运算果真在试图展现某些至关重要的东西吗？发现一个简单计算可以导致灾难性的后果（不管这种问题具体是什么），又实在令人烦恼。而这正是刺激人们尝试建立全面计算机模型的原因之一。

在整个 20 世纪 60 年代，计算机对大气层总环流的模拟仍然处于初级阶段。即使在计算机上运行几个星期，得出的结果也仅仅和目前的气候大致相似。这种模型很难告诉人们，在一个微小的影响之下，事情将发生什么样的变化。所以，有些气候科学家尝试用一种比较省时省工的办法利用计算机。他们建立了高度简化的模型，在短短几分钟内就能算出大概的数字。虽然一些科学家根本不相信这类简单模型，但也有人认为它们是宝贵的"寓教于乐的玩具"——一个有用的起点，可以检验某些假设，甄选出某些可能让未来的工作取得成果的突破点。[15]

气候变化的简单模型中，最重要的一个是由米哈伊尔·布迪科（Mikhail Budyko）在列宁格勒（1991 年恢复圣彼得堡旧名）开发出来的。苏联的气候学家自 20 世纪 50 年代就有一些关于气候的宏伟提案，布迪科就是因此而被吸引到建模问题上来的。例如，让西伯利亚的河水改道，把南部沙漠变成农田，这样好不好？乍一看很好，不过，这会给西伯利亚气候本身带来什么影响呢？或者，用往冰雪上撒煤灰的方法使冰吸收阳光，这个主意怎么样？通过对某地的"雪盖和温度之关系"的历史数据进行研究，布迪科发现了一种激动人心的相互依赖。

为了确定自己的想法，1968 年，布迪科建立了一组高度简化的方程。它们代表了地球整体的热平衡，可以求出各个纬度的辐射收支情况的总和——这是一种"能量收支"模型。当他把可靠的数据代入方程之后，他发现对于一个给定了某些情况的行星而言（即特定的大气层和特定的日照辐射量），冰川状态存在不止一种可能性。如果行星目前的状态是从一个较暖气候冷却而来的，那么被深色的海洋和土地反射回太空的阳光（反照率）将会相对较弱。所以，行星可能保持完全的无冰状态。如果行星是从一个冰期变暖而达到目前的状态，因为保持了一些冰雪反射阳光，它将会保留寒冷的冰盖。

在目前情况下，按照布迪科的模型，地球的气候看来是稳定的。但是，如果温度和反照率略有升高，方程就会达到一个临界点。全球温度将随着冰盖的完全融化（露出吸收阳光的水、土）而突然上升。这将给我们带来一颗均一的、持久的炎热星球，海平面很高，正像恐龙时代的情况一样。而如果温度比目前下降，并不需要降很多，方程就会碰到另一个临界点。这时，随着越来越多的水被冻结，温度将急转直下——直到地球达到一种稳定的全面冰川状态：海洋完全冻住，地球永远地变成了一颗寒光闪闪的冰球！布迪科认为，我们的时代有可能"正在走向气候灾难……我们星球上的较高等级的生命有可能被根除"。[16]

在这个问题上，其他分析家和在列宁格勒工作的布迪科"英雄所见略同"。冷战的壁垒使沟通很少发生，这些分析家的工作都是相互独立的。1969 年威廉·塞勒斯（William Sellers）在亚利桑那大学提出的一个能量收支模型受到了全面关注。塞勒斯承认，这个模型仍然"相当粗糙"（不过他补充说目前所有模型都这么粗糙），但是很直接，也很漂亮。气候学家们看到，虽然塞勒斯的方程和布迪科的方程大不相同，但是同样能够基本重现目前的气候，它也显示了气候对小变化极具敏感性，这令气候学家们印象深刻。塞勒斯认为，如果来自太阳的能量衰减 2% 左右（不管是因为太阳本身的变化，还是因为大气层中的灰尘增多），就可能出现另一次冰期。此外，布迪科提到的"地球全面冰封"看起来完全有可能实现。而在另一种极端情况下，塞勒斯指出，"人类日益增长的工业活动，可能会最终导致一个比目前温暖得多的全球气候"。[17]

布迪科–塞勒斯型灾变到底有没有反映全球气候系统的真正性质？这个问题引起了激烈讨论。在 20 世纪 70 年代早期，某些科学家的确发现，反馈作用能够加速大陆冰盖的生成——比我们设想的更快。而另一个极端——自我维系的加热——可能带来更加灾难性的后果。因为从几个方程中得出了新证据，默勒所说的温室失控，看起来荒诞不经，却反映了某些实情。

一颗行星并不是实验室里供科学家们任意摆弄的一粒泥丸，可以放在不同的压力和辐射下比较它的反应。我们只有一个地球，这给气候科学出了难题。当然，通过研究过去和目前的气候有怎样的不同，我们能学到很多东西。但这种比较很有限——不同品种的猫，仍然是猫。幸运的是，我们的太阳系包含着完全不同的其他"物种"，这些行星具有完全不同的大气层。

1958 年发表的金星的射电观测报告表明：金星的表面温度大致相当于铅的熔点，温度之高，令人称奇。金星作为一颗和地球大小相仿的行星，和太阳的距离也不算特别近，为什么却和地球有这么重大的差别呢？1960年，年轻的博士生卡尔·萨根（Carl Sagan）研究了这个问题，得出的答案令他在天文学家中一夜成名。据他后来回忆，这次研究使用的是令人发窘的粗糙方法，使用蒸汽锅炉引擎设计表得出的数据表明：温室效应可以把金星变成一座火炉。他认为这主要是因为水蒸气产生的一种自我维系的过程。金星的表面太热了，以至于该行星上所有的水都变成了水蒸气跑进了大气层，从而帮助这颗行星维持了极端的温室效应状态。后来发现，金星大气层的主要成分是二氧化碳，只含有很少的水。萨根是错的——这又是科学的错误有效地刺激了进一步研究的例子。

再来看一看火星。1971年，工程学的神奇宝贝——"水手9号"探测器进入了环绕火星的轨道。它……什么都没看到——一场巨大的沙尘暴正在席卷整个火星。火星上很少发生沙尘暴，但这次沙尘暴对于观测者来说，并不是倒霉，而是极大的幸运。他们立即看出，沙尘显著地改变了火星的气候，吸收了阳光，使得火星温度上升了几十度。沙尘暴几个月后平息了下来，但它提供的教训很明显：霾能够温暖一个行星的大气层。更广泛地说，研究任何一颗行星的气候都必须充分考虑沙尘的因素。并且，似乎暂时的变暖加强了吹动沙尘的风系。火星的演示令人印象深刻：一颗行星的大气系统中的反馈可以使它的天气模式进入非常不同的状态。这不再是一种推测了，而是科学家们亲眼所见、实际发生的事件——"人们以科学的眼光观察到的、迄今唯一一次知道诱因的全球性气候变化"。[18]

在"水手 9 号"抵达火星之前，萨根曾经做出一项大胆推测。他提出，这颗红色行星有两种稳定的气候状态，它的大气层必居其一。在目前这种干冷的时代之前，还有另一种可能的状态——更加温和的，甚至可能支持生命存在的气候状态。待火星上尘埃落定，"水手 9 号"传回的火星表面的新图像证实了这个推测。地质学家看到：在遥远的过去，这颗行星上曾经有大洪水肆虐，留下了痕迹。计算表明，这颗行星的气候系统可以在相对微小的变化作用下，从一种状态跳转到另一种状态。

这种类型的变迁理论也支配了人们关于地球气候的思考。人们不再把气候想象成永远稳定的了。说服大家的并不是某一项非常有力的孤证，而是从各自独立的不同领域聚集的证据。火星和金星，增加的霾和喷气飞机的凝结尾，古代的灾变性旱灾，冰芯和海床沉积中滑动的沉积层，计算机进行的行星轨道计算、能量收支表、冰盖崩塌……这些都告诉我们，气候系统容易发生可怕的倾斜。每一个故事，单独看起来都很奇怪，但是在其他故事的支持下却显得很合理。大多数专家只知道这些证据的某些方面，大部分公众则对这些一无所知。但是主要的理念还是传播开来了。

虽然在人们最近的记忆中，并没有发生过巨大的气候改变，但是人们已经准备好把眼光放长远了。在 20 世纪上半叶，人们的生活被战争和经济动荡粗暴打断，看不到进行长期计划的意义。到了 20 世纪 70 年代，人们的生活比较安定，这鼓励了人们思考更远的将来。如果说人类的排放确有可能改变 21 世纪的气候的话，这已不是"百年之忧"——人们需要有所计划了。

或许，有些人应该采取些行动，来面对这个问题了？

第 5 章
公众警告

科学的政治意义曾在 1972 年的一次研讨会上昙花一现。那次会议上，科学家们讨论了大气中二氧化碳浓度上升的问题。他们就是否应该发表一项声明，呼吁展开一些行动产生了分歧。一位专家说："我是比较保守的，我坚持，在知识有了更好的整合、我们取得更好的数据之后，再谈论这方面的政治意义。"他的同事回答："在情况快速变化的时候，袖手旁观可不是保守的表现。"[1]

大多数科学家认为，专心科研并发表成果就是尽职尽责了。他们假定，重要的事情会被科学记者和政府的科学机构注意到。对于真正重要的问题，科学家们则会召集一个研究组（可能由国家科学院负责），发布一份报告。雷维尔和布赖森等专家非常愿意解释他们的观点，他们甚至会努力为记者们想出可供引用的词句。他们乐于就气候科学的状况发表讲话，或者为《科学美国人》（Scientific American）这样的杂志撰写文章。这些付出即使不能传达给整个公众，但是至少能把知识传递给受过良好教育并且对科学感兴趣的一小部分公众。

只有在某些特别的，或具有新闻价值的事件发生的时候，才会引起更广泛的公众关注。在 20 世纪 70 年代早期，气候提供了大把这样的机会。印度、苏联、非洲、美国中西部严重的庄稼歉收，使记者们一次次地找到气候学家进行访谈。他们报道称，有些科学家怀疑天气波动可能是又一次冰期的前兆。毕竟，许多科学家们接受了"长时段周期"，即米兰科维奇曲线所预测的"逐渐降温"。但是，记者们往往并不报道的是：几乎所有的科学家都认为寒冷在几百年甚至几千年后才会降临。而且，如果说在自然的情况下会发生"逐渐降温"的话，那么，人类的干预又会起到什么作用呢？在这个问题上，布赖森的言论被引用的次数最多。他希望让每个人都知道：工业、砍伐森林、过度放牧增加了烟尘。"人类火山"像喷发烟尘的巨型自然火山一样，可以带来灾难性的气候变化。他宣布，这些效应"已经以相当激烈的形式表现出来"。日益增长的人口和日益反常的气候之间的冲突可能带来大规模饥荒。[2]

气候学家坚称，这种观点并不是科学的预测，只是可能性（30 年后，他们仍然在争论萨赫尔旱灾究竟是不是污染造成的）。负责任的记者会把话说明白：术业有专攻，每一位专家都承认自己有无知的地方（包括布赖森）。但是，大多数科学家确实感觉到"世界这段持续的宜人气候期可能已经走到了尽头——这意味着人类将发现种庄稼更不容易了"。[3] 一位科学家总结了最普遍的科学意见：灰尘污染的增加和二氧化碳的增加起到的作用正好相反，所以没有人能说气候是会变冷还是变热。可以大致说，"我们正在进入一个人类对气候发挥支配性作用的时代"。[4]

不论我们的排放是会加速新冰期的到来，还是会带来温室变暖，其道德意味看上去都是一样的。一位记者激动地说："我们闯入了自然能量的储蓄池，为了满足自己的贪欲而偷窃自然能量。"有些人预料，"我们篡改大自然的精妙平衡"将招致"天意的正义之手惩罚物质主义罪人"。[5]

比较乐观的人提出：我们可以让气候屈从于我们的意志——对不利的结果见招拆招。如果冰期要来，我们可以用货机抛洒煤灰，染黑北极的雪。如果受到变暖的威胁，我们可以在平流层喷入烟雾来反射阳光。大多数科学家不认同这样的主张，而且并不是因为它们听上去像科学幻想。实际上人类可以改变气候的想法是非常有道理的。问题是操纵全球气候的尝试可能导致严重的冲突，相比之下，种云降雨引发的地区性激烈争斗简直就不值一提。哪一个国家值得委以如此信任，让它来改变别国的天气？更何况我们的知识是如此有限，即便是最好心的干预也可能只会让事态恶化。

公众对这些言论有模糊的了解。自19世纪以来，新闻媒体就不断鼓吹各种威胁。这次，公众也没看到有什么特别。"科学发现"通常变成豆腐块大小的段落发表在（不错的）报纸的内页，或者发表在新闻杂志的科学与文化栏目，这只能把信息传达给比较警惕的公民。英国著名科学记者奈杰尔·考尔德（Nigel Calder）第一个向更广泛的大众（收看公共电视教育节目的人们）发出了气候灾变的威胁警报。1974年，他制作了一档时长2小时的特别天气节目，在其中用几分钟的时间对可能到来的"雪暴"发出了警报。整个国家都可能被雪层毁灭,几百万人可能被饿死。新冰期"从理论上来说,可能在明年夏天就开始,但无论如何都会在未来 100 年内降临"。[6]

大多数专家藐视这种言论。他们感到公众被少数科学家和"小题大做,耸人听闻"的记者引上了歧途。英国气象局局长发布的官方消息是"无须为末日预言而疯狂"。他像许多气象学家一样,认为"气候系统非常强健……在人类的影响大到可以带来严重干扰之前,我们还有很长的路要走"。[7]对"仁慈的自然界平衡"的传统信仰,在科学家和民众中间仍然很有市场。

只有布赖森等少数科学家非常认真地对待气候灾变的前景,感到应该努力直接唤起公众意识。付出最多心血的气候学家是斯蒂芬·施奈德。他和他的记者夫人撰写了一本普及读物——《创世战略:气候和全球生存》(*The Genesis Strategy: Climate and Global Survival*),坚持认为气候变化的速度和强度可能超出绝大多数人的想象。他们建议人类制定政策以减缓冲击,比如建立更加稳定的农业体系。正像《圣经·创世记》中约瑟对法老的建议一样,我们在丰年应该为荒年做准备。[8]

有些科学家批评布赖森、施奈德等人直接向公众喊话的行为。在他们看来,写书和全国巡游演讲占用了"真正的科学研究"的时间。此外,整个气象学仍充满了不确定的谜题,公众在科学上是幼稚的,用简化的三言两语对他们进行广播演讲似乎并不合适。

但是，不管他们喜欢不喜欢，这个问题开始走向政治领域了，起码，从狭义上来说，气候变化开始影响政策制定。在专业的气象学会议上，关于二氧化碳聚集速率等技术性问题和关于政府们应该怎么应对的争论，已经搅和在一起了。科学家们开始艰难解决专业技能以外的问题。我们应该降低对化石燃料的依赖吗？在还需要为养活世界上的穷人而付出辛劳的时代，又应该为防止气候变化花多少钱？对于一位科学家来说，以"科学家"的身份对这类问题发表言论，是否合适？

虽然科学家们不能就世界到底是在变暖还是在变冷取得一致意见，但他们一致同意：首先应该为理解气候系统的运行规律而加倍努力。项目征集令通常会自然地找到研究人员，但是自从20世纪70年代开始，气候科学家越来越频繁、越来越热情地发布这种征集令。在以前，他们从来没有掌握这么强大的理由来坚持他们的传统原则——应该为科学研究花更多的钱。

不过，研究长期气候变化的科学仍然是一个小众课题。1950年开始，论文发表数量才有了快速增长，但因为增长的起点简直微不足道，所以意义不大。在20世纪70年代，这种进展停滞了，发表数量的增长减缓了。到了70年代中期，全世界每年就这个学科的各种研究所发表的论文还不到100篇。[9]在这个经济萧条的年代，每个国家拨付给气候科学的经费都没怎么增加，原因之一是经费来源分散于各种各样的私人组织和相对弱小的政府部门。

1970 年，改善的机会降临了。海洋科学的研究经费曾经特别分散，现在，美国的一些群体大力提倡建立一个集中化的机构。随着环保主义兴起带来的推动效应，科学家们敦促美国政府，不仅要统合国家的海洋项目，而且要把它们和大气研究结合起来。结果，一个新组织国家海洋与大气管理局（NOAA）成立了，其研究对象是地球的整个流体圈。国家海洋与大气管理局从一开始就是世界上基础气候研究的主要资助者之一。不过，该局是通过重组已有项目而建立起来的，并没有增加新的资金。如果说国家海洋与大气管理局具有一个中心关注点，那就是开发具有重大经济意义的海洋资源，例如渔业资源。气候科学家仍然要自己寻找组织，寻找经费。

事实上，对气候的研究还没有达到有必要开展大规模协作研究的程度。在每一个独立的专业，知识仍然是非常初级的，研究组可以通过钻研自己领域的问题取得进步，从哪里得到科研经费都可以，只需偶尔和其他领域的专家交换一下笔记。科学的一大诀窍是：你不必立即通晓一切。20 世纪 70 年代的气候学家和必须做出决策的商人或政治家不同。科学家可以把一个系统充分简化，变成一种易于理解的简单东西。当然，这需要他们为这项任务奉献自己的精力。进行这种探索的人许多，真锅淑郎就是其中之一。

在第二次世界大战刚刚结束的艰难岁月，一群从东京大学毕业的年轻人想在气象学界找到自己的职业道路。真锅淑郎就是其中的一位。这些人雄心勃勃，思想独立，但他们在日本的发展机会渺茫，所以他们到美国寻找自己的人生事业。1958年，真锅淑郎受邀加入冯·诺依曼建立的一个计算机模型小组。这个小组在1955年已取得了一次突破，开发出了一个可以模拟和现实相似的局部天气的模型（见第3章）。在这之后，冯·诺依曼从政府筹措经费开展了一项更具野心的项目。他的团队将为整个三维全球大气层建立环流模型，其稳定性将足以从流体和能量的基本物理方程中直接推导出真实的气候系统。这个项目在华盛顿特区的美国气象局上马，由约瑟夫·斯马格林斯基领导（后来项目团队搬到了普林斯顿镇）。

斯马格林斯基最出色的想法就是吸收真锅淑郎加盟，共同研究他提出的气候模型。他们从风、雨、雪和光照开始研究，还考虑了水蒸气和二氧化碳的温室效应；他们假设水分和热量是在空气和海洋、大地和冰川表面等介质之间进行交换。真锅淑郎花费了大量时间在图书馆里钻研深奥的主题，例如各种土壤吸收水分的方式。方程本身也要施以小心——这个系统必须能够有效地进行计算，不能疯跑成不切实际的数字。

1965年，真锅淑郎和斯马格林斯基得出了一个三维模型，为一个被分为九层的大气层解出了基本方程。这个模型是高度简化的，不具有地理特性——一切参数都是各纬度区的平均值，陆地和海洋的表面被混合成了一种可以和空气交换水汽，但不能吸收热量的沼泽。尽管如此，这个模型推动水蒸气进行全球运动的方式仍然非常逼真，令人满意。输出的结果显示出一个平流层，一个在赤道附近的上升气流区（制造了阻止海员前进的赤道无风带），一个亚热带沙漠带等。不过，依然有很多细节是错的。

很明显这种模型可以带来有效的结果，于是更多团队加入了这种尝试。他们的进展主要依靠飞速发展的电子计算机：从 20 世纪 50 年代中期到 70 年代中期，建模师能够利用的计算能力增长了几千倍。从 60 年代到 70 年代，从纽约到澳大利亚，很多科研团队建立了有重要意义的大气环流模型。

洛杉矶市的加利福尼亚大学有一个团队在这个方面特别有影响力。耶尔·明茨（Yale Mintz）吸收了另一位东京大学的研究生荒川昭夫来提供数学上的帮助。1965 年，明茨和荒川昭夫建立了一个模型，像斯马格林斯基和真锅淑郎的模型一样，能够重现真实世界的某些特征。1964 年，科罗拉多州博尔德市的国家大气研究中心开始了另一项重要的工作，领头人是沃伦·华盛顿（Warren Washington）和另一位东京大学毕业生笠原东（Akira Kasahara）。但是最重要的仍然是真锅淑郎的模型。

虽然建模已经成为一种巨大的联合努力，但是它仍然没能突破解决问题所面临的巨大障碍。人们使用当时最好的计算机，花费几周的时间，支付高昂的费用，却只能对一种典型的年度全球气候做出非常粗糙的模拟计算。工作人员们推算出，要想把工作做好，需要比目前强大 100 倍的计算机。这种计算机在未来的一二十年可以得到。但是，即便计算机的速度快100 万倍，进行的模拟仍然是不可靠的。因为建模师仍然面临着计算机的著名局限：输入的是垃圾，输出的也就是垃圾。

例如，这种计算强烈地取决于特定情况下生成云的类型。即便是我们今天拥有的最快的计算机，也不能计算出地球上每一片云彩的细节。他们必须退而求其次，计算出每一个栅格中云的平均状况，而每一个栅格都有几百千米宽。建模师必须进行"参数化"，推出一组数字（参数）来代表一个栅格在给定条件下的所有云的净效果。为了得到这些数字，建模师所能凭借的只是几个基本方程、破碎而不可靠的数据和猜测。

即便这些障碍没有了，仍然有一个问题存在。为了对导致模型和现实不甚匹配的缺陷进行诊断，科学家们需要充足的数据——全球大气层的众多分层的风、热、湿度等的真实数据。但在 20 世纪 60 年代，人们掌握的数据非常稀少，令人汗颜。就此，斯马格林斯基在 1969 年一针见血地说："我们走到今天，面临的状况是，模拟结果的离散性堪比测定真实大气结构的不确定性。"[10]

改善短期天气预测的努力给这一领域带来了很大帮助。世界气象组织和国际地球物理年开了一个好头，但是他们在收集全球数据方面做得很糟，而这些数据正是理解大气层所需要的。例如，即使在国际地球物理年的鼎盛时期，全球也只有一座观测站报告狭长的南太平洋上层风，而这个上层风跨越了 1/7 的地球周长。数据不足为大气科学家带来了无法克服的难题。官员和科学家努力使这个问题引起时任美国总统约翰・F. 肯尼迪的注意。肯尼迪看到了通过大胆倡议改善政府威望的良机，1963 年他在联合国大会演讲时，呼吁采取国际合作，为更好地预报天气和最终控制天气而努力。世界气象组织欣然采纳了这一倡议，迅速发起了"世界天气观察"项目，协调了成千上万的专业人士，在几乎所有的国家以及公海进行观测。这个项目作为世界气象组织的核心活动持续至今，没有受到冷战或者其他国际冲突的阻碍。

到了 20 世纪 70 年代，计算机模型已经可以提前三天预测天气，其预报结果也大胜单凭土规则的天气预报员。这对农业等产业来说意味着财富，研究成果也吸引了充足的资金。预测模型需要来自遍布全球的成千上万个观测点报告的大气层各个层面上的数据。这种观测数据现在由"世界天气观察"项目的气球和探空火箭提供，更多帮助来自外层空间。

早在 1950 年，就有一份美国政府的秘密报告建议用卫星侦察天气。第一颗监测全球天气的民用卫星由一个国防部的项目制造，于 1960 年发射升空。在随后的几十年里，这个项目运用为间谍卫星开发的精巧绝密技术，继续制造、运行秘密气象卫星。这些技术逐渐转移到一个公开的民用项目上。当计算机模型达到这样一种程度——除非有更好的关于真实大气的数据，否则就无法进步——1969 年，"雨云 3 号"气象卫星（Nimbus-3）应运而生。它的红外探测器能全面测量各个高度的大气温度，不分昼夜，测量范围覆盖海洋、沙漠和苔原。为达到实用的军事和民用目的而投入的金钱，又一次使科学获益。美国国家航空航天局（NASA，后来也有其他国家的宇航部门）成为气候研究的最大金主，一方面也是因为空间技术实在太烧钱了。

运用计算机进行的工作，开始走向对现有技术稳定持续的改进。建模师输入更多的参数，填补最大的漏洞，并且开发更有效的途径来利用快速变革的计算机。1972 年传出了振奋人心的消息，明茨和荒川昭夫建立的模型成功地粗略模拟了光照的季节变换带来的巨大变化。几年后，真锅淑郎及其合作者公开了一个模型，能够生成看上去完全真实的季节变化。这令人信服地验证了模型的正确性。看起来这个模型几乎是在差异很大的两颗行星上运行——夏季行星和冬季行星。

位于纽约市的美国国家航空航天局戈达德太空研究所采用了不同的思路。这里的研究组一直在开发一个天气模型，作为其对各行星大气研究任务中的一项实际应用。詹姆斯·汉森召集了一支队伍，把他们的方程改造成一个地球气候模型。通过简化某些特征、深化另外一些特征，他们成功地获得了看起来较真实的模拟结果，其运行速度比其他大气环流模型快了一个数量级。这使得研究组能够以多次运行的方式来展开实验，改变这个或那个参数，看一看结果会有什么不同。在这种研究中，研究人员看到、并且感觉到全球气候是一个可理解的物质性系统，和科学家们在实验台上操弄的玻璃器具和化学品的系统相似。

复杂的计算机模型逐渐取代了传统简化的粗糙模型。在数字模型中有一点从一开始就很清楚：气候是很多全球性力量之间互相作用和反馈的结果，错综复杂，令人咋舌。即使"副热带无风带"这样简单的大气特征，都没有直白的解释。原则上，大气环流的状态只能通过百万次的计算而进行间接理解。

在建模师刚刚开始这项工作的那十几年，即使要理解一个典型的"年平均天气"，都步履维艰。但是到了 20 世纪 60 年代中期，他们中已经有几个人开始对"什么能够改变气候"这个问题感兴趣。他们看到了基林的大气中二氧化碳浓度上升曲线，也看到了默勒的发现——"由几个方程构成的简单模型表现出极大不稳定性"。当默勒拜访真锅淑郎，并向他解释自己奇怪的研究结果时，真锅淑郎决定探一探气候系统究竟会怎么变化。

当时，真锅淑郎已经与合作者建立一个模型，这个模型模拟了很多东西，其中包括空气和水蒸气把地表热量传递到大气上层的方式。从阿列纽斯开始，包括默勒在内的人一直都只是通过地表的热量平衡，来试图计算地表温度。真锅淑郎的模型超越这些前辈，向前迈出了一大步。为得到一个真正可靠的答案，必须把大气当作一个从上到下密切地互相作用的系统来进行研究。在这个模型里，当地表升温时，上升气流会通过对流把热量传到上层大气——因此地表温度不会像在默勒模型里那样流失。这个模型所需的运算量极其巨大，因此真锅淑郎被迫把模型删繁就简，最后只剩下一个一维气柱，代表全球平均之后大气的一个"小切片"。

1967 年，真锅淑郎研究组用这个模型测试了一个问题：如果大气中的二氧化碳浓度发生改变，会发生什么情况？他们的目标最终成为建模者的一个中心关注点：气候的"灵敏度"，也就是说，如果某个变量发生了特定改变（例如太阳产生的能量或二氧化碳的浓度），全球平均气温会随着发生多大的变化。他们把某个变量（例如二氧化碳）设为一个值进行第一次模型运算，再把这个变量设为另一个值再运行一次，然后比较两者的结果。自阿列纽斯以来，研究者一直在用高度简化的计算来研究这个问题。他们都把大气中二氧化碳浓度增加一倍带来的变化作为一个基准。毕竟，基林曲线表明，大气中二氧化碳浓度会在 21 世纪的某个时间增加一倍。真锅淑郎研究小组计算出：如果大气中二氧化碳的浓度增加一倍，全球气温大概会升高 2 摄氏度。这个关于温室效应的计算首次把足够多的关键因素纳入其中，因此被许多专家认为是合理的。很多人，包括华莱士·布勒克后来回忆道，1967 年的论文"说服了我，全球变暖的确是一件需要担心的事"。[11]

　　但这个一维气柱模型和完整的三维大气环流模型相比，还差得远呢！真锅淑郎与合作者理查德·韦瑟罗尔德（Richard Wetherald）以这个气柱为建模基础，在 20 世纪 70 年代早期建立了一个三维大气环流模型。它仍然是高度简化的。他们描绘的地球并没有真实的海陆分布，而是一半是陆地，一半是沼泽。但总的看来，这个仿制品的气候系统和地球的很相似。尤其是在各纬度对光照的反射作用方面，模型提供的数字与新的"雨云 3 号"气象卫星观测的地球真实数值相当一致。计算机预测，二氧化碳浓度增加一倍，平均气温会升高约 3.5 摄氏度。1975 年真锅淑郎和韦瑟罗尔德发表这些结果的时候警告人们，不要对这个结果太认真，因为模型与真实的行星仍然差距很大。

　　其中，著名气象学家威廉·W. 凯洛格（William W. Kellogg）解释了一种复杂性。1975 年他指出，工业气溶胶以及焚烧森林的残留物制造的烟灰能大量吸收阳光——毕竟，肉眼可见，烟雾和烟都是黑的。所以，他认为，人造气溶胶的主要效应是使局部地区温度升高。然而，布赖森与其同事却继续坚持认为，烟和霾具有强烈的降温效果——毕竟，它们能够让阳光明显暗淡。双方各执一词，僵持不下，因为没有人能用基本的物理原理算出在给定的不同情况下，霾到底是会导致天气变冷还是变暖。

更令人烦恼的是"云"的问题。如果地球变暖，云量可能会有所改变，但如何改变？云量的变化对气候又意味着什么？科学家开始认识到，云可以让某个地区降温（通过反射光照）或者升温（通过阻挡地表的热量辐射）。这取决于云的类型和其在大气层中的高度。更糟的是，漂浮在大气中、由烟尘和化学颗粒构成的霾能够强烈地影响云的形成，这一点已经变得越来越清楚了。关于这类气溶胶怎样帮助或者阻碍不同种类的云的形成，我们却所知甚少。

这种不确定性是不可接受的，因为人们需要的是比当前气候的"粗糙仿制品"更加精致的东西。20世纪70年代发生的气候灾难和能源危机使得温室效应被列入了政治议程（对于关注技术问题的人们来说），计算机模型对全球变暖的推测是对还是错，已经变成了公众争论的事务。我们必须停止森林采伐、放弃化石燃料吗？新闻报道描述了著名科学家之间的分歧，特别是在更有可能升温，还是更有可能降温问题上的不同意见。1977年，一位资深科学家指出："气象学家仍然认为，建立全球模型是实现气候预测的最好办法。"他还说："但是，乐观主义已经退散，取而代之的是人们冷静地认识到这个问题极其复杂。"[12]

尽管如此，在"变冷"和"变暖"这两个选项之间，科学界的意见开始一边倒了。也许在自然过程中，千百年后地球会逐渐滑向冰期，但是，事情的发展已经不再是自然的了。越来越多的科学家开始认为，温室效应是我们需要担心的主要问题。毕竟，几周的降雨就能洗刷掉大部分下层大气中的气溶胶，但增加的二氧化碳却会逗留几百年。不管气溶胶会让地球变冷还是变热，增加的二氧化碳所导致的温室效应最终将占据主导地位。杂志上关于下一个世纪就要滑向冰期的惊悚报道反映的只是通过"同行评审"的大量科学文献中的区区几篇而已（"同行评审"是论文发表之前其他专家的评审）。20 世纪 70 年代，中立的论文是"变冷派"论文的好几倍，它们权衡着变暖和变冷的正反理由。关于未来变暖的论文甚至更多，并且这种论文的数量还在增加。

单独某一个方面的攻关，永远无法给我们带来信心，但是现在有几种研究都指向了同一个方向。例如，施奈德与一位合作者通过对比过去 1000 年的气温与火山爆发记录，研究灰尘的作用。他们的简化模型预测，1980 年后，二氧化碳造成的升温将开始占据主导地位。

1977 年，美国国家科学院强力介入，组织了一个专家组开展研究。他们报告称：在未来一两百年内，气温可能升高到近乎灾难性的水平。这个专家组在新闻发布会上报告的时候，美国人正经受着自 20 世纪 30 年代大旱以来最炎热的夏天，报告受到了新闻界的广泛关注。科学记者的立场和气候学家的观点日渐调和。但 1976 年，美国《商业周刊》在解释争论双方的观点时说："主流派认为，世界正在变冷。"仅仅一年之后，这本杂志又宣称，二氧化碳"可能是世界上最大的环境问题，造成了世界升温的威胁"，长期后果极其可怕。[13]

为了求得更权威的答案，总统科学顾问要求国家科学院就各种大气环流模型的可信性进行研究。科学院成立了一个专家组，天气建模界的老兵查尼担任主席，还邀请了另外几位备受尊敬、又远离最近气候争论的专家。专家组最后的结论毫不含糊：模型没有说谎。为让自己的结论更扎实，专家组决定公布一组具体数字。汉森的大气环流模型推测，大气中二氧化碳浓度加倍会导致 4 摄氏度的升温，真锅淑郎的最新结果则是 2 摄氏度，而查尼专家组宣布：他们非常确信，下个世纪地球的温度会升高 3 摄氏度，上下波动 50%，也就是说 1.5~4.5 摄氏度。他们严肃地总结道，"我们努力寻找，但是无法找到任何被忽视或被低估了的物理作用"能减缓升温。《科学》杂志用一篇名为《末日预言，所言不谬》的文章，对报告进行了总结。[14]

很多气候科学家认为这个结果并不那么可信。计算机模型所使用的"玩具星球"与我们真正的地球大相径庭。那里没有山脉或其他真正的地形地貌，只有平面几何建构。模型用潮湿的表面代替海洋，云层则纯粹靠猜测模拟出来。没有什么方法能证明模型省略掉的部分无关紧要。对于这些问题，记者们诚然可以找到某些科学家来做出明确有力的回答，但是，大多数科学家宁愿生活在不确定性之中。他们关注着研究的进展，看各项研究之间是互相支持的还是互相矛盾的。在气候变化这样复杂的课题上，没有哪一项单独发现会彻底改变他们的观点。某一年某位专家认为升温来临的可能性有 60%；几年后，这种可能性可能会降低到 50% 或者提高到 70%。

面对这样的疑问，科学家们本能地问：应该采取什么样的步骤来获得更大的确定性？这就像是在玩拼图游戏，因为目前空缺太多，所以你还看不出来整体图像应该是什么样的。某些空缺很难填进去，例如，人们需要大规模的观测项目，但是这种项目没有人进行组织，也没有人提出要进行资助。虽然气候科学家对全球变暖越来越担心，但是，仍然不能确定它究竟会是怎样的。他们需要一个集中协调的、资金充裕的项目，这种愿望前所未有的强烈。

当一群公民（这里是一群科学家）认定，政府需要在处理某些问题时做更多的工作时，他们就面临着一项艰巨的任务。他们能抽出的精力有限，而官员们则惯于用官僚的方式来处理问题。为了争得一些东西（例如一个新的政府项目），人们必须一致努力。在几年的时间里，相关公民必须努力研究这个问题，昭告公众，和看法相同的官员结成联盟。这些圈内盟友必须组成委员会，撰写报告，通过行政程序和立法程序来引导立法。而感到被变革威胁的特定利益集团则会设置路障，从中作梗。整个过程很可能因筋疲力尽而失败。一般来说，这种努力只有在抓住一个特别机会的情况下才可能成功。特别机会通常就是那些造成公众苦恼，从而能够抓住政治家眼球的新闻事件。

20世纪70年代早期，少数气候科学家正在寻找开展这种一致行动的机会。在新的计算结果和数据的鞭策下，他们已经信服：和10年前预想的相比，气候变化的速度可能快得多，其程度可能更加激烈。而因为干旱和20世纪70年代早期爆发的其他环境问题，媒体已经掀起了波澜，这为气候学家们采取行动提供了良机。

大多数人采取了传统套路：他们召集研究团队，为决策者准备报告书。政府开始起草规章制度以改善这个领域的组织和资金状况。1976年，在最近的干旱仍然被铭记在心的情况下，一个国会委员会开始进行听证。这是有史以来以气候变化为主题举办的第一场听证会，标志着科学家作证二氧化碳上升会带来灾难的漫长进程的开始。与此同时，官员们不断地撰写和修改计划书，不厌其烦地就谁应该控制哪一项研究的预算进行协商。1977年，美国国家科学院的"能源与气候"报告通过，警告气候冲击可能已经箭在弦上，继续向政府施压。

科学院的专家们并没有准备深入推进，并对国家的能源政策进行实际调整。但是，他们确实带来了一个笼统的事实：气候变化的威胁和能源生产是紧密联系的。1977年7月15日，《纽约时报》头版的一个标题是很好的总结："科学家们担心大量用煤可能带来气候的有害变化"。官员们开始领会到"二氧化碳排放具有经济含义，进而也有政治含义"这样一个事实。石油、煤炭、电力等行业开始关注气候变化了。

这时人们已经开始大力检讨化石燃料政策。在 1973 年能源危机中，随着波斯湾国家对石油的控制，麻烦和焦虑降临到千百万人身上。当卡特总统政府提出要让美国实现从油到煤的转型的时候，政治和气候变化科学研究开始重合了。能源危机为核能支持者提供了支持，他们多年以来一再主张：如果温室效应是个问题，核反应堆就是解决方案，因为核反应堆烧的不是化石燃料。能源危机也同样帮助了可再生能源的提倡者，这些人是核能工业的对手，他们中包括了从联邦太阳能官员到反工业环境主义者等各界人士。毕竟，风车发电越多，也就意味着二氧化碳排放越少。但是，在能源辩论中，气候变化只是放到天平上的砝码之一，和许多经济、政治及国际事务相比，它在人们的头脑中远远不是最重的那一块。

没有什么重要人物提议规范二氧化碳的排放，或进行任何重大政策改变来直接应对温室气体。科学院的报告和其他科学界的声明表示：在科学界的意见尚且不一致的情况下，任何这样的举动都是不成熟的。气象学界及其政府盟友的目标仍然没有变：为研究争取更多的经费和更好的组织。

这种努力的先锋队，是美国国家科学院设立的一个气候研究委员会。委员会的全职主席罗伯特·M. 怀特是一位广受敬仰的科学家兼管理者，曾任气象局局长和海洋与大气管理局局长、美国派驻世界气象组织的官方代表，也是美国在各种国际会议的代表，如关于捕鲸和沙漠化的国际会议，他还具有数不清的其他各种身份。怀特的名字值得纪念，他代表了一类没有被本书提及的人，但是他们在管理和组织方面的贡献不可或缺。

1978 年，美国国会终于通过了《国家气候法案》，在国家海洋与大气管理局之下建立了国家气候项目办公室。这是向前迈出的一步，让美国领先于其他国家。但是，新办公室所获授权有限，只有区区几百万美元预算。科学家们并没有得到他们呼吁的"协调良好的研究项目"。由于没有统一的社团和组织的支持，他们虽然尽力对这种力量分散的状况进行补救，但力量分散的状况本身就阻碍了他们的努力。

无论如何，立法者们更在乎下一次选举之前几年的情况，而对下个世纪的事情缺乏兴趣。随着《国家气候法案》的通过，这一立法方面引人关注的小骚动结束了。气候变化研究项目从一开始就经费不足，在 20 世纪 70 年代曾赢得大幅经费增长，但到了 80 年代又结束了。而且，就算是新增的经费，看起来也更多地跑到了文山会海之中，没有用于实际研究。

每个国家的气候科学家都发现，很难接触到他们各自对口的政策制定者。即便他们能说服较低层级的官员认识到问题的存在，这些官员本身在政府上层的影响力也非常微弱。但是，他们求助于国际科学界同侪的时候，却发现了更好的机会。一群国家共同组织的委员会指出他们有声望的科学家达成的某项共识，更有助于说服某个国家的官员做出反应。此外，国际化能够提供某种"组织性"帮助——毕竟，对于像天气研究这种全球性的东西来说，离开了跨国界的信息交换和思想交流，是走不远的。

按理来说，气候学家们应该求助于世界气象组织，但是世界气象组织是一个各国气象部门的联盟，其成员是政府官员，他们和职业科学家只有松散的联系。而科学家们则早已在专门化的学会中组织起来了，如在国际科学联盟理事会（ICSU，1998 年更名为国际科学理事会）框架下进行合作的"国际大地测量学和地球物理学联合会"。国际科学联盟理事会决心不让自己在组织天气研究方面边缘化，于是和世界气象组织开始了谈判。1967 年，这两个组织共同设立了"全球大气研究计划"（GARP），其主要目标是改善短期天气预报的精确度，但是也包含了气候方面的研究。一旦主要专家在全球大气研究计划科学委员会上制订了合作计划，各国预算部门就很难拒绝为本国科学家的参与买单了。

在全球大气研究计划至关重要的形成期，其组织委员会主席是瑞典气候学家伯特·博林（Bert Bolin）。他是一位有见识的专家，研究范围涵盖了从天气计算到全球碳循环的各个领域。他作为团队领导人和外交家的风范就更令人钦佩了。在接下来的 30 年里，博林将是组织国际气候研究的中流砥柱。

能为气候科学家提供见面机会的国际科学大会越来越多，有安逸的工作组，也有人头攒动的研讨会。1971 年在斯德哥尔摩召开的"人类对气候的影响研讨会"打开了新局面——它对未来发生气候冲击的危险发出了尖锐的警报（见第 4 章）。第二年，在联合国第一次召开的关于环境的大会上，斯德哥尔摩会议的大会报告成为参会代表的"必读物"。大会听从科学家的建议，开展了一项活跃的环境合作研究项目，包括气候研究。与此同时，全球大气研究计划委员会协调很多国家的政府和学术机构进行了一系列大型实验。其中一个突出的例子是 1974 年进行的全球大气研究计划大西洋热带实验。在这个夏天，来自 20 多个国家的 40 艘科研船和 10 多架飞机横跨热带大西洋的一大片带状领域进行测量，研究其进入大气层的热量和水分。

这部分的工作比较容易。不管海洋和大气层有多么复杂，对它们进行的研究总是有章可循的。但是，科学家们越用国际视角来观察气候系统，就越注意到它的其他组成部分，它们甚至更加复杂，而且很少被研究到。他们开始发现，有证据表明，非洲森林、西伯利亚苔原，以及其他有生命的生态系统是气候系统的基本组成部分。它们又是怎样发挥作用的呢？

人们对地球的生物圈和大气层之间的关系知之甚少。少数研究这个问题的人发现：树木、泥炭沼泽、土壤和其他地球生命中储藏的碳，要比储藏在大气层中的碳多几倍。这些生态系统和它们储藏的有机碳，在数百万年里看来是相当稳定的。温室和野外实验已经清楚地阐明了导致这种稳定性的原因：新增的二氧化碳"肥沃了"空气，浸润在这种空气里的植物通常会长得更加茂盛。所以，如果有更多二氧化碳进入大气层中，它们也很快会被吸收进树木和土壤。这是大气层自动稳定的又一个版本，是"自然界不可摧毁的平衡"的一部分。

大多数地质学家认为：即使一颗行星上没有生命，其大气层的平衡也将保持稳定。化学循环在很久以前就应该在空气、岩石和海水之间达成了某种平衡。这种假设似乎是合理的——和厚达几千米的巨大矿脉相比，地球上薄薄的"细菌层"等生物，看起来几乎不值得考虑，所以 1966 年科学院对气候变化的研究集中于城市和工业。研究组认为农村造成的改变，例如灌溉和砍伐森林所造成的影响，是"相当小的，并且是局部性的"。于是他们把这个课题放到了一边，没有进行研究。[15]

随着关于人类产物（例如化学杀虫剂或灰尘）有可能引发全球灾害的证据越积越多，传统的"生态系统自动平衡"的信仰被动摇了。20 世纪 70 年代早期的非洲旱灾令人们的关切倍增。撒哈拉沙漠南扩是自然气候循环的一部分，很快就能自我逆转吗？还是更加不祥的因素在起作用？一百年来，非洲问题专家就担忧过度放牧可能导致非洲大地的巨变——"人类的愚蠢"会制造一个"人造沙漠"。[16] 1975 年，查尼提出了一个机制。他注意到，卫星图片表明非洲植被已经受到了过度放牧的广泛破坏。他指出，荒芜的泥土会比草原反射更多的太阳光。他推断这种反照率的增加将会降低地表温度，这可能改变风的模式，从而减少降雨。然后，更多的植物会死去。最后，一个自我维持的反馈将会导致完全的沙漠化。

查尼止步于推测，因为当时的计算机模型太粗糙，不足以显示局部地区反照率的变化将给风带来怎样的改变。还要再经过几年的时间，人们的模型才能表明，植被确实是一个地区气候的重要因素。但是科学家并不需要详尽的证据就能抓住查尼的中心思想。人类活动对植被的改变之大可能足以影响气候。生物圈不一定能平稳地对大气层进行调节，生物圈本身就是不稳定的根源。

公众当时认识到，刀耕火种的农业正在吞噬整个热带森林；北美广袤的古代森林已经所剩无几，并且还在继续缩小。对这些损失的关切正在上升，但人们关注的主要是野生生物，而不是气候。与此同时，有几位科学家指出，这些森林是全球碳循环和水循环的重要参与者。森林蒸发的水汽对其上方空气的湿润作用比海洋更强。但是，砍伐森林究竟会带来什么样的变化呢？答案藏在气象学和生物学之间——一块尚待开发的"无主之地"。

人们自信能测得准的事情只有寥寥几件。各国政府编纂的化石燃料使用统计告诉我们，工业生产向大气层排放了多少二氧化碳。基林数十年不知疲倦的观测告诉我们，留在大气中的二氧化碳是多少——曲线一年比一年升高。但是，这两个数字并不相等。燃烧化石燃料产生的二氧化碳气体有一半都消失了——失踪的碳跑到哪里去了？

有两个可能的隐藏地点——碳可能最终被卷入海洋，或者被吸入生物系统。在 20 世纪 70 年代早期，布勒克和其他人研发出了碳在海洋中运动的模型，包括碳是如何被生物处理的。他们计算，海洋吸收了大部分新增的二氧化碳，但并非全部。残余的二氧化碳必然以某种方式进入了生物圈。或许，花草树木生长得更茂盛是由于二氧化碳的施肥作用？[17]

这个问题很难查证。关于施肥作用，植物生物学家发表的可靠研究寥寥无几。植物生物学家很少和气象学家发生互动。而且，正如基林所说，即便对过去的情况掌握了完善的数据，任何对目前或者未来施肥效果的计算仍是不可靠的。每一位园丁都知道，给一棵植物多施肥，只会促使它增长到一个特定水平。如果你向世界上各种各样的植物都提供了更多的二氧化碳，没有人能知道这个"特定的增长水平"会在哪里。基林警告说："事实上，我们不得不把生物群的增长率视为一个未知数。"[18] 某些粗略计算指出，总体而言，陆地植物可能不是在吸收二氧化碳。土壤中的有机物因为砍伐森林和其他人类活动而更多地腐烂，所以，从净排放看，陆地生物群倒有可能是温室气体的一个来源。

1976 年，这些不确定性在德国达勒姆（Dahlem）召开的一次会议上非常明显地表现出来。博林认为，人类破坏森林和土壤，产生了大量的二氧化碳净排放。既然大气层中二氧化碳的浓度上升并不是特别快，那一定是海洋吸收了这种气体，而且吸收效率要比地球化学家布勒克等人的计算高很多。研究生态系统的植物学家乔治·伍德韦尔（George Woodwell）凭借自己的计算，走得更远。他认为，砍伐森林和农业释放出的二氧化碳与燃烧化石燃料释放出的二氧化碳一样多，甚至比后者还多一倍。他传递的信息是：我们应该停止对森林的进攻，这不仅仅是为了维护自然生态系统，也是为了维护气候。

布勒克和同事们认为，伍德韦尔在利用少量数据编造荒谬的推论。而海洋学家和地球化学家们则为自己的计算进行辩护，坚持认为海洋不可能吸收这么多的碳。科学家们在达勒姆会议上互相诘难。他们的讨论甚至突入到社会问题领域，包括砍伐森林和荒漠化所带来的政府干预，以及各种环保主义问题。人们关于二氧化碳来源的信念和他们关于政府应不应该采取行动、应该采取什么行动的信念联系在了一起。伍德韦尔坚持认为，热带地区砍伐森林和其他对生物圈的伤害行为是"对现有世界秩序的一个主要威胁"。[19] 他公开呼吁停止砍伐森林，积极复育森林，以吸收过多的二氧化碳。

这种讨论已经不再局限于科学家和与之打交道的中层政府官员之间。在日益增多的环保主义运动中（伍德韦尔在其中扮演了主要组织者的角色），拯救森林成为流行的理念。林业和化石燃料工业开始上心了，他们已经认识到，对温室气体的忧虑可能招致政府管控。政治保守分子也开始关注，而政治保守分子倾向于把所有关于"生态灾难将至"的主张统统归类为左翼宣传。

大约在西奥多·罗斯福时代，环保主义理想开始萌动，当时，它们分散在整个政治光谱中。一位传统的保守主义者，比如共和党的野鸟观察者，会比一位民主党的钢铁工人更关注"环境保护"。但是，20世纪60年代兴起的"新左翼"和环保主义结成了永久同盟。这或许是不可避免的。在没有政府干预的情况下，包括烟雾在内的许多环境问题，看来是无法解决的。而这种干预对于70年代开始兴起的"新右翼"来说，简直就像"紧箍咒"一样讨厌。

到了70年代中期，保守理论家和工商利益集团结成同盟，联手打击他们眼中"没头脑的生态激进主义"。他们建立了保守的智库和媒体喉舌，宣传复杂的论点，开展专家公关战役，反对任何目的的政府管控。在反对全球变暖方面，化石燃料工业自然是急先锋。工业集团在某些科学家的支持下编造了各种理由，其中既有精心的研究，也有强有力的广告，所有的目的都是要说服公众：不要杞人忧天。

随着环保团体和工业集团的政治分歧越来越大，双方毫不妥协地互相攻讦。大多数科学家发现，对于比较模棱两可的观点，人们是听不进去了。寻找"抓眼球"新闻的记者们，倾向于把任何一个科学问题说成势均力敌又截然相反的两大阵营的正面交锋。而大多数科学家其实只把自己看成在迷雾中摸索的人——每个人都有不同程度的不确定性。

面对砍伐森林释放二氧化碳的争论，研究人员试图用数据来解决问题。专家们通过会议和书刊进行论战，有时很激烈，但总是很礼貌。科学争论中经常发生这样的事情——意见阵营倾向于按学科进行划分，如海洋学家联手地球化学家对抗生物学家。这次也不例外。物理学家（例如布勒克）指出，可以用水体吸收放射性物质的数据对他们的海洋模型进行校准。其中来自核武器试验的放射性落尘易于测量，尤其有用。伍德韦尔的生物学方法则比较尴尬。他的论敌们主张，没有人真的知道亚马孙雨林和西伯利亚的植物到底发生了什么。当他引述在这片树林或那片树林进行的实地研究的时候，论敌们就用更加模糊的研究来抵挡，或者简单地指出，这些对小片树林的研究，东一块西一块的，很难外推应用到全世界的森林。

人们终于从放射性碳的测量中得到了关键数据。他们依靠的证据是：新制造的（放射性）同位素通过大气层和植物进行循环，而化石燃料排放的碳元素在很久以前就已经失去了放射性。人们发现海洋模型大体上是正确的。植物腐烂、燃烧所排放的二氧化碳气体和被其他植物吸收的二氧化碳气体大体上平衡。或许是大气中二氧化碳增加、施肥作用所造成的植物的茂盛生长，补偿了森林砍伐的损失。伍德韦尔否认了这种观点，但是其他科学家逐渐得出结论，认为他的观点太夸大了。最终，伍德韦尔不得不退让，承认砍伐森林向大气层增加的二氧化碳量并不像他原本认为的那样多。不过，还有很多问题没有得到解答。没有人确切知道到底该如何"配平"全球的碳收支。

还有一门重要的"课程"没有上。1979 年，由布勒克领头的一个科研组写道：伍德韦尔主张的破坏植被释放出大量二氧化碳"震惊了从事全球碳收支研究的所有人"。因这种说法而导致的激烈的重新检测，唤起了大家对"生物圈的潜力"的重视。[20] 从 20 世纪 70 年代晚期以来，事情变得很清楚——只有阐明地球的生物系统如何影响大气中二氧化碳的浓度，人们才可能精确地预测未来的气候。但为了回答这个问题，你必须首先知道如果气候变化了，生物圈本身将如何变化。而为了回答这个问题，又必须知道大气圈将如何对海洋、冰盖等的变化做出回应。每个专业都能独自前进的时代已经过去。国际科学界的科学家们必须设计某种社会机制来协调他们的思想了。

1978 年，世界气象组织、国际科学联盟理事会共同主办的一次关于气候问题的国际研讨会在维也纳召开，参会者们于次年在日内瓦组织了"世界气候大会"。在这次会议上，世界上重要的气候专家们的观点互相矛盾。远在会议召开之前，大会组织者就征集了一系列综述文章，调查气候科学各个专业的状态，这些论文被散发、讨论和修改。然后，来自 50 多个国家的 300 多名专家汇聚一堂，来审阅这些综述文章，并得出结论。关于气候将发生怎样的变化的论证分布在一个宽广的学术光谱中，但是专家们仍然努力达成了一个共识。参加大会的科学家们在结论部分承认道：二氧化碳的增长"对全球范围的气候可能造成显著的甚至重大的长期影响"有"明显的可能性"。这种对最终"可能性"的谨慎声明，基本上不能算是"新闻"，所以只引起了很少的公众或政治注意。

从 20 世纪 80 年代开始，温室变暖的可能性已经变得非常重要，并第一次被纳入了民意调查中。1981 年的一次调查发现，超过三分之一的美国成年人声称他们听说过或读到过温室效应。这些新闻的传播已经超出了少数习惯于跟踪科学事务的人的范围。当民意调查者明确地问人们对"大气层中二氧化碳增加导致天气模式变化"的看法的时候，接近三分之二的人回答说问题"有点严重"，或者"非常严重"。[21]

这些公民中的大多数永远不可能自己提出这个问题。只有少数人理解气候变化的风险主要来自化石燃料排放的二氧化碳。他们谴责烟尘和其他化学污染、核试验，甚至航天器的发射。但最担心环境的这些人很少关注全球问题，而是把不满指向威胁特定居住区的石油泄漏或化学废物污染上。如今，许多人认为应该关注温室效应了，但是世界上需要关注的问题有很多，温室效应并不突出。

第 6 章
反复无常的野兽

　　埃德·洛伦茨（Ed Lorenz）认为，气候可以在没有什么征兆的情况下向任何方向发展。他在气象学上的研究为当时流行起来的混沌理论奠定了基础。在研究微小的初始变量如何使一个复杂系统向这个或那个方向倾斜方面，他也保持领先地位。在 1979 年召开的一次会议上，他提出了一个著名的问题："一只蝴蝶在巴西扇动翅膀，会在得克萨斯州掀起一场龙卷风吗？"他的回答是"有可能"。现在，蝴蝶效应已经成为受过教育的人的共识。[1]

　　气候变化曾经一度被看作是个非常简单的概念，一种某个直接的推动力导致的逐渐演变（不管你最爱的理论认为这个推动力是日光的改变、火山烟雾的改变，还是大气中二氧化碳浓度的改变）。但是近几十年来，科学家们发现气候变化这个概念越来越复杂。气溶胶污染和森林砍伐的不确定性已经够糟糕了，但是到了 20 世纪 70 年代晚期和 80 年代，更多因素浮出水面。气候已经不再像一个简单的机械系统，而更像是一个困惑的野兽，承受着来自不同方向的十几种力量的戳击。

　　洛伦茨认为，理论上来说，结果可能是无法预料的。他与一些人主张，过去一百年中升温和降温的趋势，可能并不是气候对气溶胶或温室效应（或任何具体因素）做出反应的证据，而仅仅是在各种外界压力之下，这头野兽被难以计算的复杂内部反应所驱使而产生的反复无常的表现。

大多数科学家认可"气候具有混沌系统的特征"这种说法，但他们并不认为气候是完全随机的。推测一场飓风会在特定的某一天袭击得克萨斯州的某个特定城镇（当然不是因为一只肇事的蝴蝶，而是无数微小的初始影响的总结果）在理论上也许不可行，但飓风季节仍是按照时间表降临的。这种一致性在 20 世纪 80 年代的计算机模拟中就表现出来了。用不同的初始状况运行多种大气环流模型，不同地区和不同年份的天气类型会有随机的不同；但是在计算（所有地区几年中的）全球平均气温方面，这些不同的运算却趋向一致，并且，每一个模型都以下一个世纪的某种升温而告终。

这对评论家们来说，还不够有说服力。评论家们注意到了很多所有模型共有的不确定的假设和薄弱的数据——建模师也承认，自己要走的路还很长。他们神秘的大气环流模型让公众难以信服。人们想要一个更直截了当的指示器——就像他们窗外的天气。当地球平均气温正在下降的时候，要让公众甚至大多数科学家去认真对待温室变暖几乎是不可能的。

但是，地球温度是在下降吗？ 1975 年，两位新西兰科学家报告说，虽然过去 30 年北半球一直在降温，但是他们自己所在的地区，也许还有南半球的其他地区，却一直都在升温。由于面积广阔且无人涉足的南部诸洋中气象站很少，所以无法确定，但是其他研究倾向于证实这个地区正在升温。1940 年以来观察到的降温主要发生在北纬地区，或许因为这里的温室效应被工业烟雾带来的降温中和了？毕竟，北半球是地球上大部分工业的所在地，也居住着世界上大多数人。当然了，人们印象最深刻的通常是他们居住地的天气。

科学家和政府需要确切地知道，天气到底在发生着什么样的变化。一个世纪以来，世界各地成千上万的气象站每天都在提供大量天气数据，但是这些数据并没有遵照一个单一的标准：它们组成了一个几乎无法破解的乱局。1980 年前后，两个研究组开始研究这些凌乱的历史数据和技术细节，剔除不可靠的数据，对剩下的数据进行整理。

首先登场的是纽约的汉森研究组。他们报告说："'世界正在降温'这个普遍的误解，根据的是 1970 年以前北半球的情况。"就在气象学家们开始注意到降温趋势的时候，这种降温的趋势明显地逆转了。1980 年整个世界的气温和 20 世纪 60 年代中期的低点相比，已经升高了 0.2 摄氏度。[2] 这是在意料之中的，因为温室气体的稳定积累克服了气溶胶的短暂作用，特别是某些国家采取了控制污染的措施。（而且，在这个时期，火山喷发的排放也比较多。）北半球 40 年代到 60 年代温度的暂时下降，对气候科学来说是坏事。这给温室效应怀疑派提供了证据，也引起了某些科学家和很多记者公开推测一个新冰期即将到来，这个降温期为气候变化的研究冠上了不负责任的名声，短时间内难以摆脱（图 6-1）。

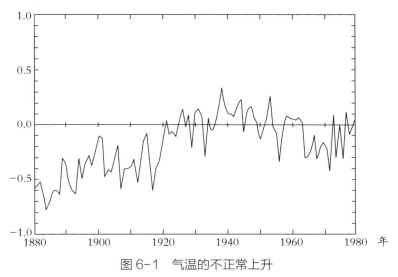

图 6-1　气温的不正常上升

北半球大气层的平均表面温度（表示为与 1946—1960 年平均气温的温差）。图 6-1 由一个英国科研小组在 1982 年制成，显示了 20 世纪 40 年代的显著升温、60 年代令人困惑的降温和随后不明确的升温（90 年代气温快速地升到很高，图 9-1）。（Jones P D., et al. Monthly Weather Review, 1982, 110：67, 经美国气象协会准许后转载。）

　　任何温室变暖不但可以因自然界的随机变化和工业污染而变得难溯其源，而且，某些基本的行星物理学机制也增加了研究难度。如果大气层中增加了热量，大多数的热能将很快被海洋上层吸收。海洋变暖，但预期的空气温度上升要推迟几十年才能被观测到。查尼的专家委员会在 1979 年解释了这种效应："只有当二氧化碳浓度大到气候变化不可避免时，我们才可能会得到警报。"[3] 警报将在什么时候响起呢？1981年，汉森的研究组大胆预测，考虑到二氧化碳气体的快速积累，在20世纪末"二氧化碳造成的暖化将会从自然气温变化的噪点水平脱颖而出"。运用不同方法进行计算的其他科学家也得出了类似结果：人类会在2000年左右发现全球变暖的迹象（即清晰的证据证明，温室效应确实如同预期的那样起作用）。[4]

第二个分析全球气温的研究组是英国政府在东安格利亚大学（University of East Anglia）设立的气候研究部，由汤姆·M. L. 威格利（Tom M.L.Wigley）和 P. D. 琼斯（P.D.Jones）带领。1986年，他们完成了第一个完全可靠而全面的全球平均表面温度分析。他们发现，在134年的记录中，最热的3年都出现在20世纪80年代。汉森和一位合作伙伴用不同的方法进行了分析，得到了相同的结果。没错——史无前例的变暖趋势正在降临。

作为研究成果发表的短短几页文字和图表，只是幕后巨大浩繁的工作的冰山一角。成千上万的人在不同的国度，终其一生测量天气，还有更多的人投身于组织和管理项目、改良仪器，实现数据标准化和维护档案记录。地球物理学的研究就是很难取得成果。一个简单的句子（例如"去年是有记录以来最热的一年"）可能是好几代全球科学界人士艰苦劳动所提炼出来的。而且，这句话仍然需要进一步的解读。

大多数专家看不到将来会有严重升温的确凿证据。毕竟，他们所掌握的可靠记录只覆盖了一百来年，而且记录显示了很大的波动性。当前的趋势难道不会是又一次暂时波动吗？作为少数几位敢于对气候危机发出警报的科学家之一，施奈德承认："我们现在还不能说从记录中看到了温室效应的明确迹象。"和汉森等人一样，他也预测升温的迹象大约会在 20 世纪末明显表现出来。[5]

气温在某些年代飞速上升，而在另外一些年代又突然下降，这表明肯定有温室效应之外的因素在起作用。有些建模师（如汉森）在大气中二氧化碳浓度升高这个因素之外，又增加了一个火山爆发的因素，他们发现这能够解释很大一部分的气温变化，但并不能解释所有的变化。还有什么在影响着气候呢？

有迹象表明，部分气温变化的循环周期遵循着一个规律。例如，丹斯戈尔德从格陵兰岛冰原深处提取的古代冰芯显示了一个约 80 年的周期。这个丹麦研究团队认为，这是太阳造成的。因为太阳黑子的数量变化看上去遵循一个类似的长周期。布勒克认为 20 世纪 60 年代的低温是由这个太阳活动周期的下行趋势造成的，它甚至超过了火山和工业霾的作用。1975 年，他发表了一篇很有影响力的文章，提出一旦太阳活动周期逆转，世界可能会得到一次"气候奇观"——温度显著升高，他称为"全球变暖"。[6] 这对当时大多数人来说都是一个新词。

但是，后来的研究却发现，丹斯戈尔德的周期即使存在，似乎也只是代表了北大西洋发生的某种变化，而不是太阳的活动。这又是一个例子——随着更多数据的获得，全球周期的又一个猜想破灭了。不过，这也是布勒克的科学直觉胜过了"证据"的几个例子中的一个，因为其他证据都对"太阳改变是影响气候的一个因素"不利。

早在 20 世纪 60 年代初期，新登场的放射性碳专家之一明兹·斯图伊弗（Minze Stuiver）就和修斯进行合作，证明古代树木年轮中的放射性碳含量在各个世纪是不一样的。很多科学家十分苦恼，因为反复无常的变化对放射性碳定年技术不利。但是在某个专家看来是不受欢迎的噪点的东西，在另外一位专家眼里却可能包含着信息。斯图伊弗注意到，大气中的放射性碳是由来自遥远空间的宇宙射线造成的。他还指出，太阳的磁场对宇宙射线射向地球会造成阻碍作用。也许放射性碳的记录能够解释太阳的变化？

1965 年，修斯试图在这种新数据和天气数据之间建立关系，希望放射性碳的变化"能为大冰期的起因提供决定性的证据"。[7] 他将重点放在欧洲 16 世纪和 17 世纪的一段寒冷期（小冰期）的天气数据上面。当时庄稼连年歉收，伦敦的泰晤士河在冬天结成坚冰。这段时期，放射性碳含量比较高。怀着对太阳黑子的历史资料的敏锐直觉，修斯注意到，大约在小冰期前后，太阳几乎没有黑子。太阳黑子数量越少，就表明太阳磁场越弱，这意味着更多的宇宙射线能够射入地球大气层，进而产生更多的放射性碳。简而言之，修斯认为，放射性碳含量增多，表明太阳发生了某种变化，而这种变化关系到冷冬。

有些人认为这种联系看上去有道理。但对大多数科学家而言，这种推测听起来只是无数太阳黑子相关性推测中的一个，迟早都会被推翻。即便其证据更有力一些，这种说法也会面临巨大的怀疑，因为除非同时有理论为这个数据准备好了"铺位"，否则科学家就不能很好地把数据安排进他们的想法中。与太阳所产生的总能量相比，太阳黑子和宇宙射线的变化微不足道。这样微弱的变化怎么能对气候产生可以觉察的作用呢？

1975 年，受人尊重的气象学家罗伯特·迪金森（Robert Dickinson）接受了一项任务：评审美国气象学会关于太阳对天气影响的正式报告。他总结说，这种影响是不太可能的，因为找不到一个合理的机制——也许有一个：有可能是宇宙射线带入大气的电荷以某种方式影响了云滴在尘粒上凝结的方式吗？迪金森立刻指出，这纯属猜测。科学家们对于"云是怎样形成的"所知甚少，他们"要想证实或否认（似乎更有可能）这些观点"，需要做更多的研究。[8] 虽然迪金森保留了很多疑虑，但是他毕竟把大门打开了一条缝隙。

1976 年，一篇太阳物理学家撰写的论文把所有的线索联系起来，很快就出了名。博尔德有几位太阳物理学家，约翰·埃迪就是其中之一。尽管这座城市里有很多专业方向不同的气候专家，但是埃迪对放射性碳研究一无所知——这个例子表明不同领域的科学家之间交流很少，妨碍了气候研究的发展。埃迪在一般的太阳物理研究方面建树不多，1973年他丢掉了研究员工作，之后只找到了一份撰写美国国家航空航天局天空实验室历史的临时工作。在这段空闲时间里，他开始研究更久远的历史。他回顾了肉眼观察到的太阳黑子的历史记录，以确认人们长期以来的信念：太阳是非常稳定的。

但是，他却发现，太阳黑子周期看上去根本就不恒定。这个发现和科学中很多发现一样，并不是全新的发现。在小冰期，几乎完全没有观测到太阳黑子的报告，注意到这个现象的不仅仅是修斯，在他之前就有几个人注意到了。特别是早在1890年，英国天文学家E.沃尔特·蒙德（E.Walter Maunder）就已经注意到这种证据及其与气候之间可能的联系。但其他的科学家却认为，这只是一个处于人类探测能力边缘的可疑数字，蒙德的论文因此被世人遗忘。一项科学发现不可能一枝独秀，它需要来自其他发现的支持。

埃迪后来回忆道："作为一名太阳天文学家，我很确定这永远不可能发生。"[9] 但是，确凿的历史数据逐渐说服了他——近代的太阳观察者是可靠的——太阳黑子记录的空缺确实反映了太阳黑子的空缺。其他科学家对此有所怀疑，但是在埃迪继续提倡自己观点的时候，他找到了放射性碳提供的证据。斯图伊弗等人同时也证实，太阳活动与树木年轮以及其他化石资源中所含的放射性碳之间是有联系的。1976年，埃迪公布了他的完整结果，把太阳黑子、放射性碳和气温互相联系了起来。

很多人认为他的证据有说服力。

　　但是，无论一项科学发现多么有力，如果它出人意料的话，科学家们就会要求更多证明。施奈德、汉森等人发现：将火山灰尘导致的偶发性降温，以及太阳黑子和放射性碳推测出的太阳变化放在一起考虑，的确能更好地重现过去的气温趋势。调整假定的太阳影响的大小，使之与历史气温曲线相一致，这种凭猜测进行的工作，简直离捏造不远了。但有时候科学家必须"两脚腾空走路"——同时假定几件事情，目的是看看最终是否能行得通。得出的结果似乎很不错，这鼓励了科学家们的进一步研究。但是也有时候，发现不了任何联系。正如一位评论家在 1985 年所言："这是一个争议性的课题"，太阳变化与气候变化之间的关系仍然是"一种吸引人但是未经证实的可能性"。[10]

　　既然太阳本身的变化曾经被忽视，那么，在气候谜题里面我们还忽视了什么呢？另一个非常不同的科学领域，提出了一个全新的问题。虽然气候科学的历史充满了出人意料的联系，但是像"痕量化合物"这样引人注目又匪夷所思的细小对象，还是独一无二的。这种研究始于人们关注超音速运输机产生的污染对平流层造成的影响（见第 4 章）。1973 年，马里奥·莫利纳（Mario Molina）和舍伍德·罗兰（Sherwood Rowland）想到，看一看其他的化学物质排放会造成什么样的影响应该很有趣。他们吃惊地发现，少量的工业气体氯氟碳化物（CFCs）

能够造成严重的影响。

专家曾认为氯氟碳化物对环境无害。它们的排放量相对很小，性质极其稳定，从来不和动植物发生反应。结果，正是这种稳定性本身，使得氯氟碳化物成为一种危险。莫利纳和罗兰最终意识到：它们可能在空气中逗留达几百年之久，有些还会飘入平流层。在那里，紫外线将把它们激活，使其能够催化破坏臭氧的一种化学反应。高空稀薄的臭氧层能够阻挡太阳发出的紫外线，所以，如果臭氧层被破坏掉，就会增加皮肤癌患病率，还可能对人类和动植物造成更加严重的伤害。

氯氟碳化物是气溶胶制品中的推进剂：千百万人每天使用罐装除臭剂、油漆的时候，就是在对地球施加伤害。科学记者们对公众发出了警告，环保主义者们也群情激愤。工业界用公关行动进行反击，愤怒地否认有任何危险存在。民众们没有被说服，他们用信件对政府代表进行轰炸。1977 年，美国国会做出反应，禁止在气溶胶喷罐中添加这类化学物品。这件事和气候没有明显的关联，但是它发出了刺激性信号——大气层太脆弱了，太容易受到人类污染的伤害了。它也显示，对未来大气风险的科学技术性发现，可以唤起公众意识，足以左右立法，打击主要的工业。

与此同时，罗兰和莫利纳对氯氟碳化物的早期研究激励了美国国家航空航天局的维拉哈德兰·拉曼纳森（Veerabhadran Ramanathan）更认真地研究这些不寻常的分子。1975 年，他报告称，氯氟碳化物能大量吸收红外辐射——也就是说，氯氟碳化物是温室气体。一项简单计算表明，以其在 2000 年将会达到的浓度而言，氯氟碳化物本身就足以让全球气温升高 1 摄氏度。其他科学家也开始跟进，对以前很少研究的气体进行计算，包括甲烷（CH_4，天然气的主要成分）和氮化物（尤其是施化肥时释放的一氧化二氮）。如果这些气体在大气中的浓度增加一倍，就会使气温再升高 1 摄氏度。1985 年，一支由拉曼纳森率领的研究队伍研究了 30 多种吸收红外辐射的痕量气体。研究组估计，这些额外的温室气体汇聚到一起所造成的温室升温与二氧化碳造成的温室升温相当。对气候科学家来说，这不亚于一枚重磅炸弹——全球变暖的脚步可能比他们预想的要快一倍！

这些痕量气体之所以曾被忽略，是因为它们在大气中的浓度与二氧化碳的浓度相比十分微小。但是空气中已经有了那么多二氧化碳，那些吸收辐射的光谱带大多数已经是不透光的了，因此要想让气温发生重大变化，就必须再增添很多二氧化碳。稍微思考一下，任何物理学家都会明白，痕量气体和二氧化碳不同。每增加一点点痕量气体就会关闭一扇"窗户"（即此前能让辐射穿过的光谱区）。但是简单的事情在明白人指出来之前，又有几个人想得到呢？传播这种观点也需要一段时间。当时政府官员，甚至大多数的科学家都坚持认为，"全球变暖"在本质上是"大气中二氧化碳浓度提高"的同义词。而与此同时，成千上万吨其他温室气体正在大量地排入大气！

现在，一些科学家真正认识到了甲烷的重要性，并开始研究其在全球碳循环中所起的作用。甲烷是从沼泽中涌出的沼气，大部分来自到处滋生繁衍的细菌，从花园土壤到白蚁内脏，无处不在。这些自然的排放比人类提取和燃烧天然气时溢出的甲烷多得多。但是这并不意味着就可以忽略人类的影响。人类正在把自己的意志强加于世界上大部分有肥力的地表，这正在改变整个地球生物圈。那些在不引人注目的领域从事研究的专家发现了正在快速增加的各种甲烷来源。细菌释放出的甲烷量在地球物理学上具有了显著的意义，例如细菌在稻田淤泥里迅速繁殖，在日益增长的牛群的胃里茁壮成长。那么，在砍伐森林和农业扩张的情况下，土壤细菌加速排放出来的甲烷又将如何呢？

结果发现，这些土壤细菌排放出来的甲烷的影响是巨大的。1981年，一个研究组报告说，大气中的甲烷正在以令人震惊的速度增加。研究者从格陵兰岛冰盖的钻芯中提取了封存的空气进行研究，他们证实，甲烷浓度的增加开始于几百年前，但在最近几十年内开始疯狂加速。研究人员辛苦地收集了空气样品，于1988年对最近的甲烷增长进行了精确测量。结果表明，仅仅在过去的10年中，甲烷浓度就增加了11%。而每一个甲烷分子的温室效应都是一个二氧化碳分子的20倍！

这种效应让人们担心"反馈"的可能性。在北部苔原下面的永久泥炭冻土层中，冻结着一个巨大的碳储藏库。随着北极地区温度升高，广阔无垠的饱和苔原会不会释放出大量甲烷，足以加速全球变暖？更可怕的是被锁在一种奇怪的"笼形化合物"（甲烷水合物）之内的大量的碳。这种笼形化合物是在世界各地的海底淤泥中发现的冰状物质，因为上层海水的压力和寒冷才得以保持固态。20 世纪 80 年代初少数几位科学家指出，如果轻微的升温深入到海底，其中的笼形化合物可能会融化而向大气中释放大量甲烷和二氧化碳，这将带来更大的升温。

当然，随着全球变暖改变了森林、草地、海洋浮游生物等排放或吸收气体的量，正常的生物生产也会产生反馈作用。要想预测这种复杂系统的未来，唯一的方法就是通过计算机模拟。不过，在任何人能够写出准确代表所有重要效应的方程式之前，我们还需要弄清楚很多东西。

要把气候当成独立的复杂系统来观察其运作和变动，没有什么比引出这个难题的课题更有用了，这就是——冰期问题。弄清那些巨大的"摆动周期"，对我们了解气候系统大有帮助。这项研究的前景很不错，在科学家们对海底淤泥和冰川冰的研究不断改进的过程中，一个关于过去气候变化的崭新大纲正在慢慢成形。为了实现石油勘探等商业目的，在开放大洋实施作业的技术得到了大幅发展。20 世纪 70 年代，这些技术被应用到了深海钻探项目上。一系列由美国国家科学基金资助的航次从世界各地的海底提取了长长的钻芯。人们发现，层层淤泥中的温度记录与来自格陵兰和南极洲冰层中的记录一致。研究人员开始将所有这些数据结合成一个论述。

最好的钻芯是由一个法国－苏联研究组在位于南极洲的苏联东方站提取的。这的确是一项技术上的壮举——这里哈气成冰，而他们还要与卡在一千米深处的钻机搏斗。东方站是地球上最偏远的站点，每年会有一个车队挣扎着爬过几百千米的冰原，为它补给一次物资。考察站资金不足，破旧不堪，支撑这个考察站的是烟草、伏特加和坚强的毅力。（"你们的娱乐活动怎么解决呢？"——"洗澡……每十天洗一次澡。"[11]）20 世纪 80 年代末期，他们终于掘井及泉，提取了钻芯，他们发现，钻芯的记录能追溯到四十万年前——经历了四个完整的冰期。

在二十年时间里，一个又一个研究组从冰芯柱中提取样品，希望能测量出小气泡中封存的大气中二氧化碳浓度。但是所有的尝试的结果看起来都不合理。直到 1980 年，人们才研究出可靠的方法：先小心地清理一个冰样，在真空环境中将其压碎，同时快速测量释放出来的气体。东方站得到的结果是明确的、出乎意料的，也是极有意义的。

在每个冰期，大气中二氧化碳浓度都比冰期之间的暖期要低，甚至低 50%。是什么导致了大气中二氧化碳浓度随着冰期的来去而急剧下降和大幅攀升呢？没人能做出解释。东方站的钻芯打破了温室效应争论的僵持局面，确定了一个正在成型的科学共识：在气候变化中，二氧化碳的确发挥了核心作用。这项研究实现了一个古老梦想——像把地球放在实验台上那样研究其古代的不同气候，并且可以反复改变条件来观察后果。

钻芯的结果回应了一种古老的、对米兰科维奇关于冰期的轨道理论的反对：如果冰期来临的时机是由某个半球的日照的改变决定的，那么在北半球降温的时候，为什么南半球不变热呢？反过来也一样。答案是：大气层中二氧化碳（还有甲烷，也随冰期而起伏）的变化，从物质上把两个半球联系在了一起，从而带来了整个行星的变暖或变冷。这些发现还表明，一个 10万年的周期中日照的微弱变化如何垒高或融化了冰盖。看起来，正反馈的确存在：微小的变暖导致了某些物体向大气层中排放温室气体，这导致了更明显的升温，等等。行星微小的轨道变化，只是打破了原先的平衡，就启动了一个强大的过程。

反馈的机制是什么？随着海洋变暖，其中一些二氧化碳将蒸发进入空气，但这还不够。变热的湿地和森林排放的气体可能是另一个潜在因素。类似的潜在因素还有很多。科学家们提出了各种各样的可能性，奇特的程度一种赛过一种。例如，有人提出，在冰期，地球上有更大片的沙漠和更强烈的风；它们把更多的灰尘扬入空气中（灰尘在冰芯中可以看到）；灰尘中的矿物质可以为海洋浮游生物提供至关重要的养料，从而使它们大量滋生；浮游生物从空气中汲取二氧化碳；当它们死亡之后落到海底，碳就成了它们的陪葬，这降低了温室效应；冰期于是日渐深入。不过，也可能发生的是其他的事情——在寻找其他可能的反馈机制方面，实在是代不乏人。

灰尘对于目前的气候来说，仍是一个中心谜题。气溶胶颗粒究竟是暖化地球还是冷却地球的争论，复杂而令人困惑。例如，对火山历史的研究表明，每一次大型喷发之后，接下来的几年里跟随而来的是一种明显的全球降温模式。但是，喷发产生的可见烟尘的主要成分是细小的火山玻璃微粒，它们在几周的时间里就从空气中落下了。它们怎么能对这种长时期的效应负责呢？对于人类农业损害土壤所造成的矿物质灰尘，大气层也能很快洗净。类似地，工厂和焚烧森林所排放的烟灰也会很快被大气层清除。它们怎么能造成长期的、跨地区的影响呢？

答案藏在排入空气的其他物质里。任何人看到或者闻到城市烟雾，都可能猜出它们的主要成分是简单的化学分子。20世纪 50 年代开始的对烟雾的研究，把几位科学家引导到对空气中分子的研究上去。他们发现，其中最重要的一个分子就是二氧化硫。火山和工业上焚烧化石燃料都排放出了大量的二氧化硫。二氧化硫进入大气，和水蒸气结合形成硫酸微滴或结晶，以及其他硫酸盐。70 年代早期，对臭氧层的关切曾经驱使科学家们对平流层的化学组成进行研究，他们发现那里最重要的气溶胶是硫酸盐。它们逗留达数年之久，反射和吸收了辐射。气候是否因为它们的存在而改变呢？覆盖金星的云给人们提供了线索。金星上的霾把金星变成一个温室地狱，70 年代早期，精确的射电观察台确认了这种"妖霾"的真面目——霾的主要成分是硫酸盐。

除了城市中的烟雾，地球上的霾一般认为来自土壤微粒、海盐晶体、火山烟尘等"自然源头"。1976年，这种观点受到了博林和罗伯特·查尔森的挑战。他们分析了由政府部门搜集的空气洁净度数据，指出硫酸盐气溶胶对美国东部和西欧大部分地区的光照造成了显著的阻碍。据他们计算，在人类活动生产的所有气溶胶中，硫酸盐对气候产生的影响最大。其效果一时并不显著，但是，随着对化石燃料消费的增加，任何想要计算长时期未来气候的人，都必须把硫酸盐纳入考虑。

有几个计算机模型小组接受了这个挑战。特别令人信服的是1978年汉森小组发表的一篇论文。他们回顾了1963年印度尼西亚阿贡火山的爆发，曾把300万吨硫送入了平流层。一个简化的模型计算出，硫酸盐起到的效果是降温。他们的计算结果，在所有关键方面都和20世纪60年代中期实际观察到的全球气温变化相符。地球上硫酸盐的净效应似乎是冷却地表，这和某些科学家所持的观点相反，也和金星上发生的状况不同。

但是，这还远远没有证明所有人类污染的净效应是冷却。人们的争论到目前为止只是研究了气溶胶如何直接拦截辐射的问题，但是，20世纪60年代以来，一些科学家就已经指出，这不一定是它们最重要的效应。新的观察显示，在自然条件下，很少有晶核能够帮助水滴凝聚成云。这就是当时罗伯茨所说的喷气机凝结尾演化成卷云时的情况。这曾被认为是一种暂时性、地方性的影响。现在，有些人开始思考，人类的排放为小水滴增加了晶核，可能在全球范围内增加云量。如果是这样的话，这对气候将意味着什么？

1977 年，肖恩·图米（Sean Twomey）向这些晦暗不明的角落投射了几缕亮光。他表明，晶核的数量以复杂的方式决定了云对阳光的反射。根据温度、湿度、微粒的类型和数量的不同，气溶胶可能带来一片薄雾，也可能带来厚重的云层，还可能带来雨后晴空。所以，增加气溶胶可能升高云层的反射率，也可能降低云层的反射率，这取决于多种因素。并且，在一片云把阳光反射到太空的时候，它也同样截住了来自下面的辐射，导致温室效应。要得出某种特定的云的净效果究竟是暖化还是冷却，需要大量的计算。图米计算出：总体而言，人类的气溶胶会造成地球降温。

其他科学家对此很少注意。这个理论太诡异了，没有人敢太过相信图米的计算。而且，没有令人信服的观测能够佐证这些方程组——即便是已经进行了几十年昂贵实验的碘化银烟雾"种云"，其影响仍然是富有争议性的。对于在大气层中漂浮的化学物质，其真实的构成微粒是什么，人们基本上还没有观测过。关于这些化学物质如何相互作用，人们知道的就更少了。而对烟尘的研究表明，这种相互作用是至关重要的。这些问题可能是无法解决的，所以很少有研究者愿意把职业生涯投入到这种耗时费力的复杂研究上。

　　但是，很多问题变得越来越无法回避。即便是在北极，那里万里无垠的雪原本来应该有最洁净的空气，但是，科学家却震惊地观测到，从工业区飘来了一层污染物构成的霾。他们开始意识到，人类活动现在是大气层中硫酸盐气溶胶的主要来源了。1987 年，一个非常清晰的证据让很多科学家相信了图米的计算值得注意。卫星图片显示，海洋航线的上空出现了持久的云层。这是云层对船只排放的烟雾的明确反应。显然，气溶胶确实制造了足够的云来显著地反射太阳光。那么，对于未来的气候来说，这将意味着什么呢？投身于这种棘手研究的少数人还远不能提供答案。

　　进展更快的，是对气候系统的一个同样复杂但更加明显的中心特征的研究。1975 年，一个专家组说道："我们发现在气候变化中，海洋扮演了比大气更重要的角色。"[12] 第一代大气环流模型把海洋作为潮湿的表面进行简单处理。但是洋流从热带运动到极地，携带了大量的热量，这是气候引擎的一个关键组成部分，并且还没有被纳入大气环流模型。

　　建模师没有像处理大气层那样来对待海洋，是因为有两只拦路虎。首先，每天都有成千上万个地点进行着对大气层的测量，但是海洋学家们却只有偶然的和分散的数据，零星的航次，从千米深处提取的海水，东一瓶西一瓶，就像几个盲人在广大的草原上摸索。其次，大气模型中，一次飞旋咆哮的暴风雨的复杂性可以用简单的方程或者平均数据来代表，这样就能克服许多困难。但是，海洋中相应的过程——沉重的海水水团在海盆中盘旋几十年，必须被详尽计算。然而，20世纪70年代最快的计算机的运算能力也不足以计算海洋系统的中心特征，甚至连基本而简单明确的水层间垂直热传递的过程都无法处理。

海洋学家开始意识到，关键的能量传递是由无数各种规模的漩涡带动的。其中，在一个极端，是极微小的漩涡，能穿梭不息地把海表的热量带到海洋下层，其机制尚不得而知。在另一个极端，是不亚于中国海南岛面积的巨大漩涡，如耕犁一般运行海中，数月不止。这些巨大的慢速涡流直到20世纪70年代才被发现，这多亏了一次对北大西洋进行的国际合作研究，参加行动的有六艘船和两架飞机。让海洋学家吃惊的是，海洋系统中大部分的能量都是由这些涡流携带的，而不是由洋流（如墨西哥湾流）决定的。要对这些大大小小的涡流进行计算，就像要计算每一朵独立的云一样，超出了最快的计算机的能力。建模师不得不设置参数对主要的效应进行总结，和云朵相比，这一次，涡流更难观测，人们对其也更缺乏了解。即便是经过了大致的简化，要得到一个差强人意的结果仍然要进行比计算大气更多的数值运算。

真锅淑郎同柯克·布赖恩共同承担了这项工作。布赖恩是一位受过气象学训练的海洋学家，他被吸纳到研究组里来建立一个独立的海洋数值模型。这两个人合作来建立一个模型，以期实现上述海洋模型和真锅淑郎的大气环流模型的耦合。真锅淑郎的风和雨可以助推布赖恩的洋流，反过来布赖恩的海面温度和蒸发效应也可以帮助真锅淑郎的大气进行循环。1968年，他们完成了一次史诗般的计算机计算：算了 1100 小时，总共有 12 天计算大气，33 天计算海洋。

布赖恩谦虚地写道："从某种意义上来说……实验失败了。"[13] 即便模拟运算到 100 年之后，深海环流仍然没有接近平衡。最终的气候结果仍然不清楚。但是，起码已经得出了一种模式，把海洋和大气的运算连接起来并开始走向均衡态，这就是一大胜利了！它的结果看上去像一颗真正的行星，但不是我们的地球，因为过度简化的几何图形替代了本该具有地理特征的地方。但是，它已经产生了看似可信的洋流、信风、沙漠、雪盖等。我们实际的地球并没有得到很好的观测。但是，在这个虚拟地球上，你却可以清晰地看到气流、水和能量是怎样运动的。

接着，在 1975 年，真锅淑郎和布赖恩发表了从这个首创的、具有粗略的地球地理状况的海洋 - 大气耦合环流模型中得到的结果。超级计算机整整算了 50 天，模拟了空气和海洋在 300 年中的运动。最终，他们模拟的世界海洋仍然没能显示一个完整的环流。但是结果已经比较接近现实，这鼓励了他们继续推进。与此同时，沃伦·华盛顿在博尔德的小组在布赖恩模型的基础上开发了另外一种海洋模型，并将其与自己团队相当不一样的大气环流模型进行了耦合。他们的结果和真锅淑郎、布赖恩的类似，这种确认令人满意。

海洋建模成为一种被认可的专业。据一位海洋建模师在1975年回忆，这种研究计划在过去看起来曾经是"孤独的边疆，像是刘易斯和克拉克远征的营地"，现在却"更像科罗拉多的淘金营了"。[14]原因之一是计算机技术的突破性发展。同样重要的是原本有限的海洋学数据有了显著增加。20世纪70年代，在一项由美国政府资助的主要项目——海洋断面地球化学研究（GEOSECS）中，研究团队在许多位点进行了海水取样。他们的主要兴趣是放射性碳、氚和其他50年代末期核试验喷入大气层的落尘。这些落尘落到了世界各地的海洋表面，并且被逐渐带到了深海。因为它们有放射性，所以，最微小的痕迹也可以被检测到。原子弹落尘示踪剂提供了足够的信息，让人们第一次精确地绘出了三维海洋环流的主要特征图。建模师终于有了一个现实的标靶可以瞄准了。

80年代，各个研究团队改善了他们的海气耦合模型，并时常检测模型对二氧化碳水平上升有什么反应。计算结果虽然还有局限性，但对早期只使用大气环流模型的预测做出了一定的补充。结果和预期的一样——海洋通过吸收热量，将把全球变暖的显现延缓几十年。正像汉森的小组所警告的：一种"等等看"的政策可能铸成大错，因为在更强大的温室变暖变得不可避免之前，恐怕难以看到明显的升温趋势。[15]除此之外，把一个部分真实的海洋和大气环流模型联系起来，并没有改变现有的对未来变暖的预测。

只有几个人意识到了一个问题。随着二氧化碳浓度的上升，计算机模型显示出的是一个稳定、逐步的气候变化。毕竟，建模师早就对他们敏感的模型进行了调试，以确保它们平滑地变化，而不是偏离到某种不可能的状态。然而，在现实世界中，当你持续地推动某个东西，它可能在原地保持一段时间，然后猛然移动。20 世纪 60 年代以来，科学家们就怀疑气候系统可能发生这种突然的跃迁。80 年代，令人不安的新证据确认了这一点。

早在 60 年代，格陵兰岛世纪营的长钻芯就显示了快速气候变化的痕迹，但是，一项单独的记录可能是很多种偶然误差的结果。丹斯戈尔德小组制造了一支新钻头，在 1400 千米之外的第二个地点提取出了直径 10 厘米的完整冰柱，总共有 2000 米长。他们切出了 6.7 万个样本，分析了每一个样本中氧同位素的比率。记录显示了温度的跃升，和世纪营钻芯显示的跃升十分吻合。

1984 年，丹斯戈尔德报告说，最显著的温度"剧烈"变化与新仙女木震荡（"这是一个在较短时间内的温度急降，可能只有几百年"[16]）一致。对此的确认来自汉斯·奥斯切格（Hans Oeschger）领导的一个小组。他曾是冰芯钻探的先锋，现在在分析自己瑞士伯尔尼老家附近湖床淤泥里的泥层。瑞士离格陵兰够远的了，但是，他的团队发现了和冰芯记录十分吻合的"剧烈气候变动"。[17]

许多人认为，这种剧烈变化肯定是地区性的，可能只是影响了北大西洋和欧洲，而不是影响了全球。人们对北美和南极的记录进行了检查，没有发现相同的特征。但是，当冰芯钻探家改进了技术后，他们不但发现了温度的大幅跃升，而且发现了大气中二氧化碳浓度的大幅跃升，这出乎所有人的意料。因为二氧化碳会几个月内就在大气中循环一次，它的大幅跃升看来反映了全球的突然变化。当奥斯切格看到别人报告在格陵兰冰芯中也发现了末次冰期末期二氧化碳的快速跃升时，他惊讶坏了。

二氧化碳的主要储库是海洋，这也正是人们想到的第一个地点。1982年，布勒克访问了奥斯切格在伯尔尼的团队，解释了关于北大西洋环流的各种新思想。奥斯切格好奇海洋中的碳平衡是怎样变化的，但是却想不出一个有说服力的机制。事实上，科学家们后来认识到，冰芯中观察到的快速变动只是一个假象，并没有反映出大气中二氧化碳的变化，而仅仅反映了灰尘层导致的冰层的酸度变化。的确有某种指标发生了快速变化，但不一定就是二氧化碳水平。不过，这个错误也有一个成果，那就是奥斯切格的推测把布勒克引向了思考。

布勒克曾为了撰写博士论文在内华达的古湖盆艰难跋涉，自那以后，他就对气候的突然变迁发生了兴趣。格陵兰冰芯所报告的二氧化碳水平的跃升，促使他把自己对气候突然变迁的兴趣与对海洋学的兴趣联系了起来。其结果是一个令人惊讶的重要计算。其中的关键环节后来被布勒克称为"大传送带"——一股携带热量北上的洋流。这个环流的初步性质在 10 年前就被海洋断面地球化学研究对放射性示踪剂的调查基本摸清了。但是，直到此时，布勒克和其他人通过计算，用翔实的数据构造出一个初步的数学模型后，才完全明白了这是怎么一回事。接近大西洋表面逐渐北移的巨大水团，在携带热量方面，与我们熟悉可见的墨西哥湾流一样重要。布勒克认识到：被携带到冰岛周边的能量令人"震惊"——几乎相当于太阳投射到整个北大西洋的能量的三分之一。[18] 如果有什么因素关闭了这个大传送带，北半球的大部分地区都将发生气候变化。1985 年，布勒克和两位同事发表了一篇论文，题目是《海－气系统的运行，是否具有不止一种稳定模式？》，他们的回答是肯定的——大传送带很容易就会停下来。

在某种意义上，这并不是新发现。这是钱伯林在 20 世纪初期所作推测的一个延伸，他猜测在北大西洋表面海水盐度降低的情况下，热盐环流（环绕世界运动的海水）会停摆（见第 1 章）。很少有科学发现是"全新的"。在某些因素使一种思想看来非常有可能的时候，这种思想就从一种"随便猜测"往"发现"的一端移动。布勒克通过可靠的计算做到了这一点。他还找到了证据，表明这种"停摆"在以前发生过。地质研究表明，在末次冰期末期，北美冰盖融化，曾积成一个巨大的湖泊。当这个湖泊突然决口，大量淡水涌入海洋时，这很可能造成了热盐环流的停摆，进而造成了降温。这个推测的时间是对的——就是在"新仙女木事件"时期的开始。

新建的海洋－大气耦合环流模型被用于处理这个问题。他们发现，阻止热盐环流不一定要大陆冰盖融化，淡水雨量的增加就可能打破平衡，而全球变暖可能会导致雨量增加！布赖恩和真锅淑郎分头进行研究，但都发现海洋环流的平衡非常微妙，温室变暖很可能导致它逐渐停摆。即便是在目前的二氧化碳的水平上，如果某种因素让它停下来的话，它也就不动了。而如果环流真的停止了的话，北大西洋周边的气候有可能遭受严重后果。

布勒克最先把这个令人担心的消息告诉了公众。1987 年，他写道：我们曾经把温室效应当作"鸡尾酒会上的奇谈"，但是，现在，"我们必须把它看作对人类和野生动植物的威胁"。他说，气候系统是一头反复无常的野兽，而我们正在用尖锐的标枪不停地戳它。[19]

第 7 章
打入政界

1966 年前后，雷维尔为哈佛大学学生举办了一场关于地球未来的讲座。在本科生中，有一位参议员的儿子，名叫小艾伯特·戈尔（Albert Gore Jr.）。戈尔后来回忆说，温室效应的前景令他震惊，也推翻了他童年时的信念——"地球浩大无边，自然强大无比，因此不管我们做什么，都无法对地球自然体系的正常运转产生任何重大或长期的影响"。[1]

1981 年，戈尔成了一名国会议员。和别人相比，他做足了准备，要把气候变化从科学的议论厅拉上政治争论的舞台。多年来，他一直关注着技术性问题的发展，并与科学家们一样，越来越担心全球变暖。无疑，戈尔也看到了政治机会。新成立的共和党政府颁布的某些政策让大部分选民感到不安。就在这为数不多的几个领域里，戈尔作为一名环保战士，找到了向人们展示领导才能的舞台。

罗纳德·里根总统就职后，以他为首的新政府公开鄙视对环境的担忧，包括全球变暖。很多保守人士认为所有的环境忧虑都是自由主义者敌视商业的夸大之辞，是扩大政府管制和世俗价值观的"特洛伊木马"。用一位观察家的话来说：新近成立的国家气候项目办公室发现自己成了一个"敌人领土上的前哨"。[2] 新政府认为这种研究是不必要的，所以特别制订了大幅削减二氧化碳研究经费的计划。

戈尔等议员决定对缩减开支的提议举行国会听证会，让新政府难堪。一些报纸注意到了像雷维尔和施奈德等令人信服的科学家的证词。一位熟悉行政过程的助理说："要说服一位国会议员他应该关注这些科学问题，最有力的方式是鼓动大众媒体。"政治家们不会去读科学期刊，但却依赖新闻界，将其当成"重要的公众恐惧探测器"。[3]

在确定哪些科学进展是"新闻"时，美国记者倾向于从《纽约时报》获得提示。而《纽约时报》编辑则听从他们富有经验的科学作家沃尔特·沙利文（Walter Sullivan）的建议。沙利文是一位身材修长、和蔼可亲的记者，自从国际地球物理年之后，他就经常参加地球物理学家的会议，从而"培植了"许多可信的顾问。在气候课题上，他开始听取施奈德、汉森等科学家的意见，这些人对全球变暖十分警觉，决心把人们的注意力吸引到这个问题上来。

例如，1981年，汉森给沙利文送去了一份他将要发表的科学报告，那份报告声称地球正在明显变暖（见第6章）。《纽约时报》把这条新闻放在了第一版，并且伴发了一篇社论，宣布虽然温室效应"仍然很不确定，不足以促成能源政策的全盘改变"，但是，政策的根本改变有可能变得必要，这"不再是无法想象的了"。[4]美国能源部的回应是不再兑现它曾向汉森许诺的经费，于是他只好辞退了自己研究所的5名工作人员。

所有与大气变化有关的问题都变成了政治敏感话题。比如，科学家们报告，由烟囱排放的硫酸盐所造成的"酸雨"正在破坏下风处上千千米外的森林（甚至还在破坏房屋的油漆）。当环境保护主义者要求实行限制的时候，煤炭工业就用它们自己的科学家和广告来反驳，宣传一种无害的、永远都不会造成长期破坏的经济形象。

在 1983 年的万圣节，爆发了一场更加激烈的科技争论。当天，一群大气科学家精心组织了一场记者招待会，宣布存在一种未曾预料到的气候风险。他们中的某些人曾经把气溶胶效应的计算机模型用于计算核战后果，计算得出，从燃烧的城市中释放的烟尘将带来一次全球范围的"核冬天"——寒冷和黑暗将会威胁人类的最后一线生机。站在电视镜头最前排吸引观众目光的"明星"是大名鼎鼎的卡尔·萨根（作为天文科普作家的名声胜过大气科学家）。萨根和盟友们指出：即便敌方不进行核还击，发动一场核战也相当于自杀。他们直率地对政府施压，想让其削减核武器。与此同时，他们的工作也增添了公众对全球气候灾难的想象。

里根政府对这些反对政府加强军备的批评家大加斥责。其他科学家则质疑了上述计算。后来，这群反战的科学家承认，战争可能只会带来一个严重的"核秋天"，人类尚可以生存下来。但是在争论之初，评论家们对于"核冬天"的预测或者全盘接受，或者嗤之以鼻。喧嚣的派系之争越来越掩盖了公开的理性讨论。计算机对气溶胶效应的计算不可避免地和国家政治搅在了一起。如果你知道一个人对削减核武器的意见，就大概能猜出这个人对核冬天预测的看法。如果你知道一个人对政府管制的意见，就大概能猜出这个人对于酸雨的看法，以及他对于全球变暖的看法。

　　大多数科学家不愿卷入这种争论。在美国，人们认可的提供政策建议的权威机构是国家科学院。1980 年，国会要求科学院就二氧化碳上升的影响问题进行一项综合研究。科学院召集了一个由顶级专家组成的小组，经过持续不断的努力，他们终于达成了一致，在 1983 年做出了报告。科学家们说，他们"非常担忧"升温将带来的环境变化。他们指出，"我们可能陷入几乎不曾设想过的麻烦中"，例如，如果变暖释放了海床沉积中的甲烷。但是，总体而言，小组是谨慎乐观的。他们说，变暖可能不会很严重。毕竟，一两度的温度变化过去也曾经发生过，人类应对得还不错。科学院的首要建议是：在采取任何行动之前，政府应该资助预警监测和其他研究。他们的要求是"在研究方面花更多的钱"；同时，他们明确反对任何即时的政策改变，如限制使用化石燃料。[5]

　　三天之后，关于温室效应，美国环保局也发布了一份自己的报告。两家单位所依据的科学原理大致相同，但是环保局的结论却更令人担忧。无论从经济上还是政治上来讲，禁止化石燃料都是不可能的，所以环保局看不到有什么切实可行的途径能制止升温。可能在几十年内，就会发生大幅度升温，其潜在后果是"灾难性的"。用一位记者的话来说，这份环保局报告是有史以来第一次由一个联邦机构宣布：全球变暖"不是一个理论性问题，而是一种威胁，人类在几年之内就能感觉到它的效果"。[6]

政府官员们接受了更令人放心的科学院报告，说环保局报告是在喊"狼来了"。于是，这里就产生了一个有观点交锋的话题，正好能够被记者们炮制成生动的故事。它登上了各种报纸，甚至上了国家电视台。这次争论被放在了国会听证和科学家宣传的首要位置，所以惊醒了相当一部分公民和政治家，他们也开始认可许多报道中的预测。这是官方声明——全球变暖可能正在到来！其后，气象科学家们发现自己成了大忙人，他们被邀请去给记者、政府机构的官员甚至参议员们"辅导功课"——这些人顺从地端坐几个小时，听关于温室气体和计算机模型的讲座。

如果全球变暖就要降临，那么其后果将会如何？根据基本的物理定律，有些事情是相当确定的，也得到了计算机模型的证实。科学记者们特别小心地让公众（如果他们读这方面的报道的话）知道并理解：平均升温 3 摄氏度并不意味着在每一个地方、每一天的温度表都刚好飙高 3 摄氏度。有些地方的天气不会发生什么大变化，有些地方则会遭遇前所未有的热浪。比较不明显的是，空气将保持更多的水汽，所以水循环将加强。某些地方旱灾会更严重，因为水汽都蒸发掉了；而另一些地方会遭遇更多的风暴和洪水——水分从那里返回地球。

海平面将上升。研究者们不能排除南极西部冰盖垮塌的危险。专家们对冰盖行为知道得太少了，所以不能达成确定的结论。某些研究显示了冰盖在 2100 年崩塌的可能性，海面将上升 2~3 米。但大多数专家不同意这种观点，他们计算垮塌不会这么快就发生。不过在未来几百年，冰盖却可能逐渐消融，这将使人类社会背上一个沉重的负担。

21 世纪会发生幅度较小但依然显著的海平面上升。这种预测还有另一个理由。几十年来，人们谈论冰盖融化的时候，似乎没人想到另一个简单的效应——水受热会膨胀。最终，1982 年，两个研究小组各自独立地计算出，仅仅因为上层海水的热膨胀，自 19 世纪中期以来观察到的全球变暖一定已经令海平面显著升高了。的确，海平面已经升高了大约 10 厘米（比过去几千年的平均变化要快几倍）。热膨胀不能为这种升高负全部责任，科学家们推算出，剩下的部分要由冰川融化负责——世界上许多小型的高山冰川事实上在缩小。他们警告说，到了 21 世纪末期，上升的海潮将会造成上百米的海岸侵蚀。咸水将入侵河口。因为风暴潮肆虐，大量人口将被迫迁徙。

于是，人们普遍认同全球变暖可能是一个威胁，而应对它的正确态度是研究它。毕竟，21 世纪末期离我们还很远！媒体和公众对这件事产生了"审美疲劳"，把注意力转向了更紧急的事物。对于环境科学的资助没有显著削减，但也没有扩充。在 20 世纪 80 年代，美国政府每年大约直接为研究气候变化花费 5000 万美元。这同许多其他研究项目相比，只是一个小数目。其他国家也没有花力气来振兴这方面的研究。从西欧到苏联，各国政府很少为科研增加投入，更别说气候科学了。

政府机构把它们提供的资金中的一部分用于一种新型研究：气候变化对社会和经济的影响。气候变化对农业、林业、热带疾病的传播、供水系统等意味着什么？一个新的领域把和气候科学相关的许多研究联系了起来，这就是"影响研究"。要对影响做出预测，需要广泛的交叉学科方法。气候科学家开始与农业、传染病学、水系统工程等许多其他领域的专家发生互动。

对于气候变化研究本身来说，在不同领域的研究者日益需要和别人进行交流。他们不再从旧的、地区天气模式的意义上来探讨"气候研究"了，而是探讨整个地球的"气候系统"，从矿物到微生物都包括在内，当然也包括快速增长的人类活动的影响。研究平流层、火山、海洋化学、生态系统等特别领域的专家，发现他们彼此共享着资助机构、研究机构，甚至共享大学里的大楼。与此同时，讨论交叉学科议题的会议也越来越常见了。

在各门科学的研究中，这种类型的合作都在增加。随着研究的问题越来越复杂，不同专业的科学家们需要交换思想和数据，或者进行直接合作。在 1940 年以前，几乎所有气候方面的论文都只有一位作者。但到了 80 年代，大多数论文的作者都不止一人，有七八位作者也不令人惊讶了。

但所有这些都没有完全解决研究的"碎化"问题。科研事业越发展，科学家们就越被驱动到日见狭小的领域。与此同时，行政规则保持了各学术领域之间的界线，并把支持这些学科的政府机构、组织等区分隔开。大多数科学论文仍然和过去一样在某一个领域的专业期刊上发表，例如气候学家的《大气科学》或古生物学家的《第四纪研究》。但是，每位科学家都阅读《科学》和《自然》。不过，这些综合性期刊同样互相竞争，争夺各个领域中最重要的文章，包括与气候变化有关的文章。这两本期刊都发表专家的综述文章和社评，帮助科学家跟上自己领域之外的发展。

1983 年，美国国家航空航天局成立了地球系统科学委员会，从而在一定程度上解决了研究基金分散在美国政府好几个部门的问题。这个委员会的委员们在各机构和学科之间谈判周旋，结成了统一战线。在平息内部分歧之后，他们排列了需要优先支持的项目，并且用共同的声望为这些项目担保。政府预算制定部门和国会乐于看到这种良好协调，并向他们敞开了金库。与此同时，委员会与全球各地的科学家们展开了合作。气候研究终于有了自己的国际组织，这个组织足够强大，可以从各个国家争取到支持。

1979 年，几百名科学家和政府官员聚集在日内瓦召开世界气候大会（见第 5 章），呼吁为气候研究建立一个专门的国际组织。世界气象组织的政府代表和国际科学联盟理事会的科学领袖接受了这个建议，他们通力合作，发起了世界气候研究计划（WCRP）。这个项目接管了以前的全球大气研究计划中与气候变化有关的部分，包括在日内瓦的一个小组和一个独立的科学计划委员会。世界气候研究计划包含很多分支，每一个都以其首字母缩写而为世人所知。例如，国际卫星测云气候学计划（ISCCP），它从几个国家的气象卫星那里收集大量的原始资料，并通过不同的政府和大学团体对数据进行处理、分析和存储。在众多的国家级、双边和多边的气候研究当中，这些由联合国赞助的项目只是其中的一系而已，不过却是最中心的一系。无数的组织现在正在寻找机会成为联合国行动的一部分。

当然，这些成果并不真是由抽象的组织完成的，而是由致力于国际和环境利益的科学家和官员促成的。他们在组织国际会议的时候，已经模糊了政府和私人行动之间的界线。这方面不可或缺的人物是博林，他一直致力于主持会议、编辑报告和促成专家组的建立。作为科学家、执行官和外交家，他具有出众的个人能力，此外，他在传统中立国瑞典的斯德哥尔摩大学任职，这个位置也使他获益匪浅。

最重要的行动是 80 年代在奥地利菲拉赫（Villach）的气候学家们举行的一系列邀请会。1985 年的菲拉赫大会是一个转折点。拉曼纳森刚刚宣布了在甲烷等痕量气体增加的情况下，因二氧化碳产生的温室效应将会翻倍。所以，全球变暖不仅仅是 21 世纪末的事情了——很可能这些科学家在有生之年就能看到。与会专家达成了一个国际共识："在 21 世纪的前 50 年，全球平均气温升高的强度会比人类历史上任何一次升温都要大。"和以前仅仅呼吁进行更多的研究相比，科学家们第一次呼吁采取更加积极的立场。政府应该采取行动——尽快采取行动！他们说："虽然人们过去的行为已经造成目前气候在某种程度上不可避免地变暖，但是政府的政策能够显著地影响未来升温的速度和程度。"[7]

通过菲拉赫大会等国际会议的召开，以及由美国国家科学院等机构进行的类似的建立气候变化共识的研究，气候科学家们明确了一套信念和态度。正如在进行了一系列采访之后，一位科学作家报道的："到了 20 世纪 80 年代后期，很多专家都热切地想说服世界，未来将会发生什么。"[8]

人的动机一般都不简单，科学家们激情奉献背后的动机不仅仅是枯燥的数据评估。人类普遍具有"认为自己的领域极其重要"的倾向（从而必然要求机构为自己的工作、自己的学生和同事慷慨地提供资金），这对科学家关注气候变化起到了襄助作用。科学家们找到了（国内和国际官僚机构中的）官员做盟友。官员们倾向于寻求更多的预算和更大的权力，而这种对未来危险的预警增强了官员们鼓吹其职责领域重要性的倾向。不管什么时候，只要发现必须做某件事的证据，那些能够从中获利的人总是特别快速地接受这些证据，并且鼓吹政策的改变。为数不多的政治家（例如戈尔）加入了这个行列，他们同样希望个人信念能与事业提升的机会良好配合。

如何判定人们的动机？如何判定什么政策行动才是我们真正需要的？唯一可靠的方法，就是寻求有力的科学结论。虽然有一些科学家和官员试探性地建议要改变政策，但更多人想要争取的是更大的国际研究项目。世界气候研究计划虽然不错，但却过于局限在气象学领域。1983 年前后，在国际科学联盟理事会的带领下，各种组织合作，把地球物理和生物科学在"国际地圈－生物圈计划"（IGBP）中组合起来了。从 1986 年开始，国际地圈－生物圈计划建立了由委员会、专家组和工作组组成的庞大机构，鼓励跨学科联系。施奈德指出，不可避免的欠缺是"国际地圈－生物圈计划会同时测量和模拟天上地下的一切事物，从地幔到日心，无所不包"。[9]

80 年代后期，科学研究的确引起了一次很大的政策突破，虽然这种突破并不是针对气候的。从 70 年代中期关于喷雾罐的争论开始，科学家们就担心平流层中的臭氧层遭到破坏，这促使 20 个国家在 1985 年签署了《保护臭氧层维也纳公约》。这个公约虽然仅仅空洞地表达了一些希望，但是它建立了一个框架，该框架马上就发挥了作用。1985 年，一个英国研究组宣布，他们在南极上空的臭氧层中发现了一个"洞"。明显的"嫌疑人"还是氯氟碳化物，虽然美国禁止在喷雾罐中加入氯氟碳化物，但是氯氟碳化物还有其他用途，因此它仍然在世界范围内大量生产。新争论不可避免地爆发了。工业集团否认自己的产品有危险性，并且宣称经济上也承受不起产品线的改革。里根政府的官员本身就支持工业集团，反对环境保护主义者的所有意见。

这种否认是短暂的。不到两年，穿越南极上空的大胆飞行证实了关于化学物质如何破坏臭氧层的新理论，说服了专家们。皮肤癌发病率上升的直接威胁和臭氧层空洞对人类和生物系统造成的其他损害令官员们感到震惊。同时，杂志和电视图像中不祥的臭氧层空洞的图片也把消息带给了大众。大多数人把所有潜在的大气危害混为一谈，把臭氧层空洞的威胁和温室气体、烟雾、酸雨等问题搅在一起谈论。政治家们也被迫做出反应。1987 年各国政府签订了具有划时代意义的《关于消耗臭氧层物质的蒙特利尔议定书》（以下简称《蒙特利尔议定书》），正式做出承诺，对破坏臭氧层的特定化学物质的排放实施限制。

这并不是第一个为了响应科学建议而达成的限制污染的国际协议。例如，1979 年，西欧各国就已经正式通过了一项针对酸雨的协议，承诺对硫酸盐排放开展研究并加以限制。《蒙特利尔议定书》则设定了更严格的国际合作和自我限制标准，在接下来的 10 年中，它在氯氟碳化物减排方面获得了巨大的成功。虽然控制这些化学品对保护臭氧层来说非常必要，但对气候并没有多大的帮助。工业上用来代替氯氟碳化物的一些化学物质本身就是温室气体。

同时，很多环境保护主义者希望《蒙特利尔议定书》所设置的先例可以指出限制温室气体排放的途径。结果证明，人们可以设计出市场导向的机制，从而用比工业界预测的更低廉的成本规范氯氟碳化物的排放。考虑到酸雨和大多数其他污染物的危害，从长远来看，实施这种规范的国家将会得到经济上的净收益。

第二年，各国政府对《蒙特利尔议定书》的成功进行了跟进——1988年召开了一次国际大会，主题是"大气变化对全球安全的意义"，会议的别名是"多伦多会议"。这次大会的计划是在1985年菲拉赫大会发起的研讨会上制订出的。和菲拉赫大会一样，多伦多大会邀请的是科学家，而不是政府代表——政府代表很难达成一致意见。在会议报告中，一群科学名流史无前例地呼吁世界各国政府为减少温室气体的排放而设置严格、具体的目标。这是《蒙特利尔议定书》的模式：在全世界范围内制定目标，让各国政府自己制定政策来达到这些目标。专家们说，到2005年，应该把排放量控制在比1988年低大约20%的水平。一位科学家说："如果我们选择应对这项挑战，似乎就能显著地降低变化的速度，从而为我们争取到时间来建立机制，把社会成本和对生态系统的损害降到最小。我们也可以选择闭上眼睛，采取鸵鸟政策，盼望侥幸的胜利，但当账单到期的时候仍然是要买单的。"[10]

到这个时候为止，全球变暖还不是人们普遍关注的事情。20 世纪 80 年代是有温度记录以来最热的年份，对此的报道只被登在了报纸不重要的版面。大多数人甚至都没有意识到这个问题的存在。那些听说过全球变暖的人，大部分都认为这是下一代人可能需要担心（也可能不需要担心）的事情。但是臭氧层空洞、酸雨和其他大气污染的故事，10 年来这些问题和很多其他环境问题所引起的焦虑，以及科学见解慢慢对气候变化的态度转变，已经让人们做好了转变看法的准备。要点燃人们的焦虑之情，只需要星星之火了。学术关注往往都是这样的：不管在对此关注的专家中间产生了多大的压力，要引爆公众的注意力，仍然需要一个导火索。

1988 年夏天，导火索被点燃了。自 20 世纪 30 年代的大尘暴以来最严重的一系列热浪和旱灾蹂躏了美国的很多地区。新闻杂志的封面文章、电视新闻节目的头条新闻和无数报纸专栏向公众提供了关于干裂的耕地、炙热的城市、"超级飓风"和 20 世纪最严重的森林火灾的生动形象。记者们问：这些都是温室效应造成的吗？科学家们明白，没有哪个单独的天气变化能够完全归因于全球变暖。但是单单通过不断地重复这个问题，很多人就开始变得半信半疑——我们的污染的确应该对这一切负责任。

在这种情况下，汉森有意添了一把火。1988 年 6 月下旬的一天，在参议员蒂莫西·沃思（Timothy Wirth）的安排下，汉森在一次国会听证会上作证。他特意选择夏天是因为，夏天政客基本上不争取公众注意力。在会场外，当天的气温创下了历史新高。在会场内，汉森说，他可以"99% 地肯定"，一种长期的变暖趋势正在进行中，他强烈怀疑温室效应就是"嫌疑人"。会后，汉森告诉记者：现在我们应该"停止闲聊，承认温室效应已经到来的证据已很充分了"[11]。随着热浪和干旱的继续，记者们出人意料地采访了多伦多大会，并且广泛报道了大会的警告性结论。他们的故事讲的不再是一种关于大气现象的科学空想——这是威胁到每个人的现实危险！从被炎热击倒的老人，到海滨别墅的所有者，都包括在内。枯萎的庄稼、燃烧着的森林，这些景象似乎是一种警报——一种未来可能状况的明显预兆。

媒体对这种新闻的报道非常广泛。根据 1989 年的一项民意调查，79% 的美国人记得自己曾听说过或读到过"温室效应"，这同 1981 年的 38% 相比，是一个巨大的飞跃。对于任何科学现象的认识来说，这个公众意识水平已经非常高了。这些公众大多数认为，在他们的有生之年会亲身体验气候的变化。

以前只是偶尔对气候变化感兴趣的环境运动，现在已经将气候变化当成了主要事业。不同社会团体可能会为其他原因而呼吁保护热带森林、促进能源节约、降低人口增长或减少空气污染，但当他们提出各种减少二氧化碳排放量的途径时，他们就为共同的事业做出了贡献。而寻找各种论据来降低大企业威信的人，也发出自己的声音，和上面提到的团体汇成大合唱。不论是好是坏，全球变暖已经被确认为是一项"绿色"事务。

从长远的角度来看，这种事情竟然能够成为一个政治问题，真是一件非常新奇的事情。全球变暖看不见，摸不着，只是一种可能，甚至还不是一种现实的可能，而是据预测在几十年或更长时间后才会出现的可能。这种预测所依据的复杂推理和数据只有科学家才能明白。这样的事情能够成为一个被广泛讨论的主题，对人类来说是一个显著进步。讨论渐渐地变得复杂了。不仅科学界收获良多，而且普罗大众也受到了更好的教育。

最高层的政治家也开始关注温室气体了。英国首相玛格丽特·撒切尔（Margaret Thatcher）曾经是一位化学家，她完全理解科学家们告诉她的话。1988 年，她成为第一位在全球变暖问题上采取坚定立场的主要政治领袖，把它称为一项关键事务，并且投入新的资金来进行研究。在欧洲的德国等地，全球变暖赢得了政治上强大的"绿党"的注意，这也为这项事务增加了分量。曾经的一个科研难题，现在已变成了一项严肃的国际事务。

就法规而进行的谈判，起码在某种程度上受科学发现的影响。这构成了气候科学家的沉重负担。20世纪80年代末，气候研究在科学界变得特别突出。出版物数量激增，研讨会和大会太多了，没人有时间参加全部会议，只能参加一小部分。这种科学关注的突然增长，部分归因于公众关注的升级：任何研究这个课题的人在申请经费、招收学生和发表文章的时候，都能够得到更多重视。相应地，这种新出现的对气候研究的重视，也被科学记者反映出来。这些记者从科学界得到线索，然后把观点传播给公众。

但是，这时世界上全职投入气候变化研究的仍然不过几百人而已，而且这些人还分散在许多不同领域。要回答紧急的政策咨询，他们必须把自己的专业知识整合起来。短会上发布的报告并不能得到人们的完全尊重，而且也没有专门的小组进行跟进。像国际地圈－生物圈计划这样的项目，只是为了推动一系列研究项目。气候学界需要一种新型机构。

美国政府中的保守派和怀疑派本应反对设立一个研究气候变化的权威部门。但是，他们对由驾驭这个问题的独立科学家组成的国际专家组系统更不放心。怀疑派警告人们说，如果继续对这种进程听之任之，未来的研究组可能会发布极端的环保主义声明。最好的办法是在政府代表的控制下成立一个新系统。而且，复杂冗长的研究过程会阻止任何限制排放的具体措施的实施。

作为对所有这些压力的回答，1988 年，世界气象组织和其他联合国环境机构成立了政府间气候变化专门委员会。政府间气候变化专门委员会和以前的气候专家委员会不同，它在很大程度上由世界各国的政府代表组成——这些人和国家实验室、气象局、科学机构等有很强的联系。它既不是严格意义上的科学机构，也不是严格意义上的政治团体，它是一个独特的混合体。

人们大都没有意识到这些国际组织中的一个核心要素：平等。人们在各种国际组织的会议上自由而激烈地辩论，自由投票。这个明显的事实太容易被忽略了。如果要给研究气候变化问题的组织结构画一张图，我们不会画出一个有等级的树形图，而会画出一碗像意大利面条一样既彼此纠结联系，又具有准独立性质的各种委员会；它们通常（比如在政府间气候变化专门委员会里）本着平等、相互协调和遵守团体程序的精神，来协商达成共识，做出决定。

20 世纪国际机构数量大增，对世界事务产生了前所未有的强大影响。[12] 这几乎发生在人类所有的事业领域，但它往往首先出现在科学领域，因为科学从源头上就具有国际思维。平等化是政府间气候变化专门委员会及其类似组织建立的基础，不过这个基础几乎没有人注意到。

这两个方面是互相促进的。有些人鉴于第二次世界大战的后果，为建立一个公开、合作的世界秩序努力，气候研究的国际组织帮助这些人实现了部分愿望。除了政府间气候变化专门委员会这个格外突出的范例，在从疾病防控到渔业的各个领域，科学专家组都在成为世界事务中的新声音。他们独立于国家之外，通过掌握世界的真实状态，获得了越来越大的力量，从而也改变了人们对现实本身的理解。科学对政策的影响跨越了国界，这与 19 世纪以来自由主义者怀有的梦想一致，也在自由主义的敌人中间激起了质疑。

第 8 章
向权力讲授科学

　　国家领袖面对外敌入侵或经济危机的时候，会采取行动。不管决策者就这种危险掌握的信息多么不完善，他们都知道，什么都不做虽然是行动方式之一，但往往不是最佳方式。气候变化的危险带来了一种不同的反应。如果不是几位不为人知的科学家，这种全然陌生的危险可能依旧隐藏不露。描述这种危险，只有计算机程序能做到。而能理解这种程序的人，实在是凤毛麟角。

　　几十年来，决策者的反应就是资助科学研究（钱还可能不够）。科学家们的本分是：既要宣布这种危险的性质，又要严格遵守实证和推理的规则（这是作为科学家首先要做到的）。而在得到政府间气候变化专门委员会的笨拙机制的认可之前，任何声明都是没有力量的。政府间气候变化专门委员会由政府掌控，而政府可不希望听到坏消息。

　　与所有早期的气候大会和专门委员会不同，政府间气候变化专门委员会是一个政府间的官方行动，因为它事实上吸纳了全球所有气候科学家和政府参加，所以很快就成为向决策者提供建议的首要来源。这个委员会成功的关键是用它熟悉的模块——灵活无拘束的小组——来建立自己的层级结构。经过几百年的研究和争论，科学家们已使这种小组日臻完善。独立的任务组对重要的科学问题逐一击破。专家们审阅最新的研究文献，起草报告。在非正式的工作组中，更多的专家早出晚归，争论纤微的细节。与此同时，科学家们用通信的方式辩论，并且越来越多地通过电子邮件进行交流。1989 年全年，十几个工作组的 170 位科学家苦心孤诣，精心准备并发布了许多报告，这些报告在科学上都无从指摘。然而，这些报告还要通过另一轮的评审，征求几乎每一位著名气候学家的意见（也征求许多名气不大的气候学家的意见）。最终，科学家们发现，要达成一致意见，并不像他们想象中那么难。原因之一是他们有明智果断的主席博林。他温和的外交风范下是一种钢铁般的决心，关于全球变暖，他执意要说出他们知道哪些事情和不知道哪些事情。

然后，科学家们的发现必须取得政府代表全体一致的背书，而政府代表中很多人根本就不是科学家。这其中，强硬派报告的热情支持者是小岛国的代表，他们害怕海平面不断升高，会从世界地图上抹掉自己的国家。但比他们的影响力大得多的是汽油和煤炭产业，由依赖化石燃料的国家（如沙特阿拉伯）政府所代表。谈判非常激烈，多亏了博林的技巧和人们对难堪的失败的恐惧，他们才不得不坚持参加一次次令人筋疲力尽的会议，并勉强达成协议。最终的一致声明经过了逐字逐句的谈判与推敲，措辞谨慎且质量很高。这不是主流科学，而是最大公约数的科学。但是，在政府间气候变化专门委员会最终发布的结论中，每一个字都经得起推敲，确实可信。

1990 年政府间气候变化专门委员会发布了第一个报告，

结论是世界的确在变暖。报告（正确地）推测，科学家还需要另外一个 10 年，才能够肯定这种变化是由自然过程造成的，还是由温室效应造成的。但是专家组认为，到 2050 年，人类的排放导致全球温度升高几摄氏度是有可能的——当然这个时间看起来还很远。报告中并没有任何令人激动或惊讶的地方，它几乎不具备新闻价值，基本上没有引起媒体关注。

如果更仔细地研究一下政府间气候变化专门委员会的报告，我们就会发现更多可供思考的素材。当该专门委员会说"未来不确定"时，意思并不是说我们可以忽略气候风险。专家们已经指出了经济上可行的途径来着手降低这种风险，为政府行动提供了很多切入点。

其他各种团体（从政府机构到环保组织）更加强烈地呼吁采取行动。1991 年，美国国家科学院的一份报告列出了不下 58 项可以减轻温室效应的政策。其中有一些是"不会后悔"的政策，非常实用，不管有没有全球变暖问题都会对经济有益。例如，政府可以促进改善商业照明、家用供暖和卡车的效率，或者可以减少对化石燃料消费的补助（这些或明或暗的补助鼓励了对化石燃料的浪费性消耗）。某些政策虽然需要少量成本，但是却能够带来可观的社会效益，足以补偿耗费的成本。例如，为什么不发明减少车辆往返时间的方法呢？为什么不在过度放牧的荒地上重新造林呢？有些想法当时看来成本很高，但未来如果由于法令的规定或者碳税的征收而促进了技术发展，或者仅仅是因为无路可走，这些想法就有可能变得实用可行。例如，在将来的某一天，发电厂可以在燃烧化石燃料的时候提取其中的二氧化碳，并将其注入地下。有些建议则是幻想，比如说，我们能否往平流层中播撒硫酸盐颗粒来保护自己？能否向太空发射几组反射镜，把太阳光反射回去，使之不能到达地球？

这些建议都没有引起公众的广泛关注。1988 年，各种关于全球变暖的大论述结束了。随着比较正常的气候的出现，编辑们开始寻找更新鲜的话题，媒体对气候变化的注意力不可避免地下降了。但环保组织并没有松懈，他们仍然不时地进行游说和宣传，倡导限制温室气体排放。他们受到了专业公关的阻击，经费上也明显不如对手。他们首要的拦路虎是由几十个主要的石油、汽车等化石燃料相关工业资助的"全球气候联盟"。"联盟"把大量华而不实的出版物和录像送给记者，在华盛顿和国际会议上开展游说，为说服决策者和公民做了很多工作，告诉他们，对气候变化不必杞人忧天。企业和富人也把钱送到某些坚持"全球变暖的问题并不存在"的科学家和十多个保守智库的手中。这种行动是故伎重演——其他工业集团也曾用圆滑的科学批判和动人的宣传来反驳科学家们关于吸烟有害健康、造成臭氧损耗和酸雨威胁的警告。虽然在一二十年之后，这些宣传一个个地变得不足为信了，但是公正的人们还是愿意听一听全球变暖怀疑派的说法。

鉴于科学的确具有不确定性，说政府立法进行二氧化碳减排是不必要的，或至少是为时过早的，似乎不无道理。保守派指出，强大的经济（他们指的是政府对工业管制最少的那种经济）会为将来可能产生的问题提供最好的保障。行动派回答说，防止破坏的行动开始得越早越好！他们强烈地主张做出政策改变，是基于其他的理由——例如保护热带森林，或希望政府对公共交通实施补助以减少城市烟雾。

20 世纪 90 年代早期，对气候专家进行的一次调查发现，大部分人相信全球显著变暖是有可能的。在要求他们把自己的确信程度用 1 到 10 的数字来进行分级时，大多数人选择了中间的几个数字。确信全球变暖会发生，或确信不会发生的专家，都只是极少数人。不过在被调查的科学家当中，大约有三分之二认为，人类应该开始采取政策措施以降低风险，就算是为了以防万一。[1]

对于认为不必采取措施应对全球变暖的企业和保守分子们来说，他们要面对的首要问题就是温度确实在上升。新闻媒体非常积极地报道世界气温年度总结，这份报告由纽约和东安格利亚各研究小组发布。根据总结，1988 年是破纪录的一年。

少数科学家声称：实际上，从来就没有什么全球变暖！19 世纪以来统计出来的强烈升温只是一种错觉。这些怀疑论者中，最著名的就是 S. 弗雷德·辛格（S. Fred Singer）。1989 年，他从气象卫星和其他科技商业机构的政府项目管理部门光荣退休后，成立了一个环境政策研究组，由保守派的基金会提供经费。辛格等人认为，气候学家们忽略了"城市热岛效应"（即城市总是比它周围的农村地区要热）的事实。他们说，通过测量世界上日益上升的城市气温，气候学家们给出了一幅错误的关于全球变暖的图画。其实（辛格知道），自卡伦德以来的每一位专家都已经把这种效应纳入自己的计算了。并且（辛格知道），在世界上无人居住的大洋和北极荒原，气温也在上升。

其他怀疑论者承认，全球的气温确实升高了。但是他们的意见是，这种升温只不过是一种正常的偶然波动，像历史上曾经发生过很多次的现象一样。这可能是从小冰期以来的"回摆"。而且，20 世纪 90 年代早期，全球平均气温略有下降。批评家就此嘲弄了预测未来温室变暖的计算机模型。

建模师承认，他们需要学习研究的事物确实还有很多。一个令人头疼的问题是，关于全球变暖会对某个地区产生怎样的影响，不同的模型得出了不同的结果。例如，虽然各种模型一致指出严重的旱灾将影响美国的西南部，但有些模型预测降雨会减少，有些则预测降雨会增加。回顾过去，对于 20 世纪初到 90 年代增加的温室气体，大多数模型预测这将导致气温升高 1 摄氏度。但实际的升温最多只有 0.5 摄氏度。批评家评论说：这一定反映了所有模型的共同缺陷，它们共同忽略了某个因素。但不管怎样，大多数专家感到，大气环流模型的方向是正确的。在任何一种能对当前气候做出相当真实的描述的模型中，增加二氧化碳的浓度，都会不可避免地得到某种全球变暖。

没有多少受人尊敬的科学家坚持认为计算机预测没有价

值。但是，强大的组织机构放大了他们的声音。例如，由保守的乔治·C.马歇尔研究所发表的一些简短的报告，组装成了一篇不错的科学怀疑论的文章。他们还坚持限制温室气体排放"对美国经济来说，代价非常高昂"。[2] 这些小册子本身是匿名的，不符合科学期刊"同行评审"的标准做法。有威望的期刊如《科学》《自然》《地球物理学研究》和其他几十种期刊现在每年登载几百篇气候方面的论文，每一篇论文的背后都是无数小时的细致研究。这些文章中极少有关于温室效应基本原理的争议。否定的说法主要发表在由工业集团和保守派机构资助的出版物上，或者出现在右翼大本营例如《华尔街日报》的社论页。一些气候专家公开贬低怀疑论者的报告是"科学垃圾"。[3] 于是公开的冲突爆发了，科学家中间出现了尖刻的人身攻击。

对于科学记者及其编辑来说，这种争论是撰写精彩故事的好素材。除了比较保守的媒体，许多记者相信可能发生全球变暖，他们通过报道惊人的灾难性旱灾、骇人的风暴、海浪席卷海岸线这样的大胆预言来引起注意。[4] 但是，他们也报道那些认为全球变暖是胡说八道的人的观点。冲突总是能构成精彩的故事，而许多记者把气候科学表现成力量相当、立场截然相反的两大阵营的争端。他们经常通过往这方加入支持者，或者往那方加入支持者的方式来达成一种人造的平衡。有几个具有说服力的怀疑论者的观点被反复引用，其中一些人对这门科学并不熟悉。人们似乎忘记了：大多数专家们是有一个共识的：政府间气候变化专门委员会在 1990 年得出的谨慎结论说全球变暖的到来还远远不能确定，但确实是一个重大的可能性。

西欧国家和日本政府确实意识到他们应该考虑重大的政策变化，虽然他们也只是满足于研究应该怎么入手。某些美国机构也想着手开展控制温室气体的工作。但是老布什政府的信念是由工业集团说客塑造的，该政府完全否认了需要对气候变化做出任何反应。20 世纪 90 年代不慎泄露的一份白宫备忘录表明了对保守分子的支持——对付关于全球变暖的关切，最好的办法就是提出"其中有许多不确定性"。[5]

美国政府对政府间气候变化专门委员会结论的公然拒绝，在 1992 年成为一件窘事。1992 年，地球峰会在巴西里约热内卢召开，正式名称是"联合国环境与发展大会"。大多数参会政府呼吁开展谈判，为温室气体排放设定强制限额。但是，美国是世界上的政治经济和科学强国，也是最大的温室气体排放国，没有美国的参与，任何谈判都走不远。即便是美国政府最亲密的国际伙伴，都指责美国是不负责任的污染者。于是，美国政府终于表现了一些灵活性。外交家们在文字上掩盖了分歧意见，达成了一项包括减排目标的协议。150 多国政府在里约热内卢签署了这项协议，其正式名称为《联合国气候变化框架公约》。但是协议的很多条款都模棱两可，使各国决策者有足够的空子可钻，而不必采取任何有意义的措施。的确，大多数国家只是增加了一些研究经费，并进行了口头支持。不过，它的确为各国政府最终应该做什么设定了一些基本原则，也为进一步谈判规划了路线。

政府间气候变化专门委员会的创立也建立了一个周期性运作的国际程序。每 10 年中，政府间气候变化专门委员会大概进行两次对最新经过同行评审的研究的分析，然后发布一个关于气候变化前景的联合声明。这个声明将作为国际谈判的基础，为各国制定政策提供指导方针。更多行动则需要等待进一步的研究结果。于是，在各国政府对里约热内卢协议做出响应（就是"不行动"）之后，又轮到科学家们大显身手了。科学家们像往常一样研究问题，像往常一样在期刊上发表研究成果，像往常一样在会议上讨论技术细节，但对于政府人员而言，这都是在为计划于 1995 年做出的下一份政府间气候变化专门委员会报告做准备。

计算机建模师天天在进步，但没有取得任何重大突破——这需要稳扎稳打地下苦功夫。某个研究组可能会找到更好的方法来模拟云的形成，另一组可能会找到更有效的方式来计算风。每过 5 到 10 年，研究组就会说服某个机构，为其购买比上一台快很多倍的超级计算机。多亏计算机处理能力的惊人拓展，各研究组现在可以有规律地将海洋和大气模型结合起来，用精致的细节来表现整个气候系统。他们可以拿自己的结果与全世界统一标准的数据进行对比，这大大帮助了他们的工作。专门设计的卫星设备在监测辐射的输入和输出、云量，以及其他重要参数——这些参数可以表明云层在哪里带来升温，在哪里带来降温等。

最重要的是，建模师越来越意识到，带来全球气候变化的不仅仅是二氧化碳。除甲烷等其他温室气体外，人类的活动至少提供了四分之一的大气灰尘和化学烟雾。这些物质或者对辐射产生直接影响，或者通过对云的作用而产生间接影响。特别是，不同领域的研究者经过观测和计算，一致认为硫酸盐气溶胶造成了重大的降温。

1991 年，菲律宾皮纳图博火山爆发。一朵有艾奥瓦州那么大的蘑菇云喷入平流层，留下了约 2000 万吨二氧化硫。在这次"自然界实验"中，汉森的研究组抓住了机会来检验他们的计算机模型。把火山的排放代入计算之后，他们大胆预测了大概 0.5 摄氏度的全球降温。降温可能集中在北方高纬地带，并且会持续几年的时间。这种暂时性降温果然被观测到了——破纪录的热浪在此出现了停顿。正是这个停顿鼓励了全球变暖的怀疑论者。汉森的成功预测增强了建模师的信心，他们感到已经抓住了气溶胶影响的规律。

一位专家谨慎地说道："气溶胶一直以来都被忽视，这个事实意味着预测很可能是错的。"[6] "人类火山"的排放，像一个正在爆发的皮纳图博火山。计算机建模人员开始把这项因素纳入大气环流模型中，结果解释了前面提到的难题——模型计算出来的温度升幅比实际观察到的高一倍。实际上，模型基本准确地算出了二氧化碳升高的效应。而现在，建模人员能够把污染增加所造成的降温效应正确地计算出来，他们发现降温效应部分抵消了预测出的温室变暖幅度。1995年，美国加利福尼亚的劳伦斯·利弗莫尔国家实验室（Lawrence Livermore National Laboratory）、英国的哈德利气候预测与研究中心（Hadley Center for Climate Prediction and Research）和德国的马克斯·普朗克气象研究所（Max Planck Institute for Meteorology）改进的大气环流模型，都成功地重现了20世纪气温的实际升高。

其他数据进一步支持了模型的正确性。上溯到阿列纽斯的每一次计算都根据基本原则推测出：温室效应在晚上最强烈（这时地球的热量以最快的速度向太空散失）。统计数字也确实表明，在晚上，世界尤其温暖。而且，阿列纽斯和后来者都计算出，随着冰雪融化，黑色土壤和水暴露出来，北极地区的升温将比地球其他地区快。这种作用对于科学家们来说再明显不过了，不仅从温度记录中可以看出，他们还发现，在瑞典，树木前进到了以前的高山草甸，而北极浮冰群变薄了。对此进行更精深的研究后，大气环流模型预测温室气体会导致一种独特的地理气候变化模式，不同于其他外界影响（如太阳能的变化）可能导致的变化模式。天气数据显示了和温室效应大致相似的模式，与其他的因素则没有关系。科学家们把这种模式称为一直在寻找的温室效应的"指纹"。

随着政府间气候变化专门委员会完成了它的下一份报告，这些结果产生了重大的影响。约400名专家和100多位官方代表经过了又一轮的令人筋疲力尽的研讨会、起草报告、正式评判、电邮较量和咨询磋商（还不算各种工业集团和环保团体的游说），1995 年，政府间气候变化专门委员会终于推出了它的最新结论。该报告中一句广被引用的话是："权衡过后的证据表明，人类对全球气候产生了可察觉到的影响。"[7]这种狡猾含糊的措辞表明，政治妥协已经冲淡了最初的草案，但要传达的意思每个人都明白。

这是政府间气候变化专门委员会发布的第二份报告，承认了大气中二氧化碳浓度翻倍的后果。现在，对这种后果的承认已经成了确定的传统。至于这种后果会在什么时候降临，则取决于未来的全球经济和排放状况。报告说这个结果可能是 1.5 ~ 4.5 摄氏度的升温。这正是政府间气候变化专门委员会在其第一份报告中公布的数值区间，也符合 1979 年查尼委员会发布粗略估计（见第 5 章）以来其他组织的预测。从 1979 年以来，计算机模拟已经取得了巨大进步，但这些数字的意义却始终是模糊的。事实上，新的数字高达 5.5 摄氏度左右。人们假设了六七种不同的政经场景进行计算，从全球人口低速增长和严格控制排放，到肆意不拘的工业扩张等。撰写 1995 年政府间气候变化专门委员会报告的科学家们决定坚持使用旧数字，不给批评家留下口实指责自己前后不一。数字的意思已经在无形之中改变了：专家们越来越相信，人类文明未来发展最可能做出的选择将很可能导致这个范围的升温。这令人吃惊地显示了政府间气候变化专门委员会的程序是如何故意将科学和政治混合在一起，直到它们难解难分。

1995 年底，令人昏昏欲睡的讨论又复苏了，起因是一条新闻号称政府间气候变化专门委员会已经承认，人类的排放确实在令世界变暖。作为世界上主流科学家第一次集体发表的正式声明，这个消息登上了世界各地的新闻头条，并且马上被认为是一座里程碑，正如《科学》杂志所说："官方消息证实了温室变暖的第一缕闪光。"[8] 让记者们更加高兴的是，这篇报告激起了一场恶意争论，原因是有几个批评家质疑了一些政府间气候变化专门委员会科学家的人格。

各国政府都感到了压力。在美国，1993 年比尔·克林顿担任总统之后，被副总统戈尔等人说服，正式承诺要让美国减少温室气体排放，以达到《联合国气候变化框架公约》设定的目标。但是戈尔的观点在华盛顿政界没有产生深远影响。很多大权在握的保守派不仅藐视任何针对环境问题的研究，而且对联合国及所有国际项目持有深深的怀疑。面对这些强大又倔强的对手，克林顿拒绝把自己有限的政治资本花费在一个总统任期内不会变得尖锐的问题上。

不论是批评还是官方的漠视，都没能阻止国际程序根据其议定的日程向前推进。接下来的一次会议是 1997 年在日本京都召开的联合国气候变化大会，这是一次政策和媒体的盛典，有将近 6000 位官方代表和远超 6000 名环境组织和工业代表参加，当然，还有大批的记者。美国代表提议，工业国家应该逐渐将其排放量减少到 1990 年的水平。由西欧国家领头的大多数政府则要求采取更加积极的行动。相比之下，大多数发展中国家要求在它们的经济赶上工业化国家之前，暂时免受管制。

关于温室效应的争论和一些很难处理的问题纠结在了一起，这些问题包括公平以及工业国家和发展中国家的力量关系等，十分棘手。在挫败与疲劳之中，谈判几乎破裂。但是，政府间气候变化专门委员会的结论毕竟不能撇开不管。戈尔的戏剧性干预令许多国家领导人的全身心努力成为陪衬，他在最后一天飞到京都，促成了一项妥协——《京都议定书》。这项协议暂时免除了贫穷国家的责任，要求发达国家到 2010 年大幅度减少它们的排放量。

现在，各国政府该把各自的承诺贯彻到具体政策中了。为了把这种政策阻挡在美国国门之外，全球气候联盟开始了一场耗资几百万美元的宣传游说运动。保守分子诉诸民族主义，警告《京都议定书》将把世界经济交给不受约束的发展中国家。他们惊恐地拿碳税这种可怕的魔咒作为论据。碳税是对排放二氧化碳征收的税，将导致汽油涨价——这是美国人永远也无法忍受的（这一点上他们不同于其他国家的人，例如欧洲人）。他们大声疾呼，如果汽油的价格增加半美元，美国经济的健康就毁了。

甚至各代表团在京都开会之前，美国参议院就已经以 95 比 0 的投票结果声明，参议院将拒绝任何不限制发展中国家的条约。京都会议之后，戈尔促成的协议根本就没有提交到参议院进行批准。几乎没有什么争论，美国政治家拒绝做出任何可能有助于达到京都目标的政策改变。大多数其他国家则把这当作借口，有样学样，照常营业。

于是，又轮到科学家们做工作了。怀疑派继续提出似乎合理的技术批判，刺激了好几个方向上的研究。其中一种尤其有影响力的观点认为：导致当代变暖趋势的最可能的原因不是温室气体，而是太阳活动的暂时加强。确实，除二氧化碳和气溶胶之外，我们还需要别的因素来解释自 19 世纪以来罕见的气温"升—降—升"的变化。而埃迪描绘出来的和太阳的关联，看起来越来越可信。

少数科学家为这种关联提出了一些复杂的机制，设想宇宙射线或紫外辐射对云层的形成或臭氧层起着微妙的作用。这种微小的影响的确有可能通过干涉大气层中脆弱的风系而造成差别。或者，正常的反馈机制就足以放大太阳能总量的微小变化。（精确的卫星观测发现，太阳能的确随着太阳黑子活动变化的周期而发生千分之一的幅度改变。）不管这种机制是什么，大多数科学家开始接受气候系统是如此的不稳定，以至于太阳辐射的微小变化就可能导致显著的变迁。他们现在认为，20 世纪 40 年代之前全球升温至少一部分是由相应的太阳黑子活动增加（当时温室气体的排放还比较低）导致的。而太阳黑子活动的减少和气溶胶污染增加两者联合起来，带来了 40 年代到 70 年代的降温。

这帮助人们得出了太阳影响幅度的大致界限。平均太阳黑子活动在 20 世纪 70 年代之后就没有增加，宇宙射线同样也没有显示长时段的趋势（在这本书写作期间，它们都保持了平稳的状态）。但是，70 年代开始的全球升温在继续。皮纳图博火山爆发产生的气溶胶被从大气层中洗净之后，这种升温在以一种前所未有的步伐加速进行。

这种太阳活动变化影响气候的论证，其意义发生了逆转。如果说对于来自太阳辐射的微小变化，地球的反应就如此敏感的话，那么对于辐射进入大气层后受到温室气体干涉而产生的变化，地球必然也是敏感的。1994 年国家科学院的一个小组估计，即使太阳辐射减弱到 17 世纪小冰期时的水平，其影响也只能抵消二氧化碳积累 20 年所导致的效应。一位专家解释说，和未来可预期的气候变化相比，小冰期只是一朵"小浪花"。[9]

批评家们退回之前的观点，坚持说温室变暖的预测所基于的计算机模型是没有价值的。他们指出，建模师对当代气候的重现，只是通过不厌其烦地不断调试他们的大气环流模型来匹配观察到的数据，整个过程设定了大量武断的参数。有些人指控建模师们根本就是在捏造结果。

其中最有趣的批评来自麻省理工学院杰出的气象学家理查德·林德森（Richard Lindzen）。他提出了一种假想，温室气体水平的上升能够改变水蒸气在大气层各层之间运动的方式，可能会生成更多的热带云层，从而为地球构成盾牌反射太阳光。虽然林德森的主张很复杂，但是他说自己的想法是基于一个简单的哲学信念：长远来看，自然界的自我调控总会赢得胜利。林德森的理论性设想没有说服任何一位同侪。对云的测量是零星和困难的，但是大量的证据表明，建模师处理水蒸气的方法大致是正确的。

另一项来自内行的批评是：模型进行了一项关键的测试，却没有过关。早在 20 世纪 70 年代，海洋学家们就合作进行了一项大型项目——长期气候研究、制图与预测计划（CLIMAP），为了获得末次冰期的极盛期的信息，他们探索了七大洋。通过测量从海床上提取的有孔虫壳，他们为大约 2 万年前的海洋温度绘制了一幅地图。该团队报告，在末次冰期的中期，热带海的温度比目前略低。无论有多少位建模师调试大气环流模型中冰盖覆盖大陆的状况，他们都不能重建这种气温结构。是不是大气环流模型本质上就不能计算任何一种和目前不同的气候模式呢？

90 年代末，终于真相大白——并非计算机模型不可靠，而是海洋学家们对自己数据的复杂分析不可靠。新型的气候观测显示，热带海水温度在冰期要比目前显著的低，这很符合大气环流模型。曾经无人能够把模型调试到 CLIMAP 团队的研究数字，这一事实现在具有了一种截然不同的意义：显然，计算机模型能够如此忠诚地反映气候的过程，谁也不能强迫它撒谎！

　　仍然存在很多问题。比如建模师仍然不能根据基本的原理来计算辐射、水滴和气溶胶之间的相互关系，所以他们运用平均参数来演算云层的影响。即便他们求出了微粒如何影响云层，他们还需要知道现场出现的究竟是哪些气溶胶。建模师们关于微粒和分子只有粗略数据，雪上加霜的是数据还会随地点和季节而不同。即便他们把这些问题都解决了，他们对大气化学仍然是一无所知，不知道污染物是如何相互作用和随着时间发生变化的——这一切都会拖他们后腿。更糟糕的是，海洋学家们仍然没有解决热量如何在海洋各层上下传递的难题。除非能对真实的过程进行观察并且用方程表示，否则风险就无法排除——洋流可能以迥异于模型计算的方式发生变化。最后，即便有一个完美的大气环流模型和一个完美的洋流模型进行了完美的耦合，这也只是向前迈出的一小步，接下来，你还需要把它们和植被模型进行耦合。

　　到了 90 年代中期，科学家们已有令人信服的证据表明植被的变化确实导致了地区性气候改变。在一些地方，过度放牧的草原露出了干土，那里明显要比原始草原炎热（炎热使得草原更难复植）。在某些被砍伐的雨林地区则观测到了降雨减少，因为水分不能通过树叶蒸腾到空气中。在巴西，被开垦过的地方雨水也减少了。与此同时，一位科学家指出了另一个看似很显然、但却需要人说出来的观点——如果变暖使得森林向北推进，暗青色的松林将比冰雪苔原吸收更多的光照，从而加强变暖。

某些科学家则坚持旧观点，认为生物反馈并不令人警觉，而是让人宽慰。他们说，大气中二氧化碳增加产生的施肥效应将有利于农业和森林，补偿气候变化带来的任何伤害。研究发现，对于整个地球来说，同几十年前相比，生物总量的确吸收了更多的二氧化碳，但其后果并不简单明了。过量的二氧化碳更有益于入侵的杂草和害虫，而不是更有益于农作物。而且，无论如何，随着二氧化碳水平的增加，终有一天，植物会抵达一个再不能吸收更多碳肥的临界点（没有人能够预测它何时到来）。计算还表明，更多的热量最终将会加速泥土中有机质的腐烂，从而造成温室气体的净排放。大概同时，新的证据显示，海洋生物也将发生显著变化。浮游生物生态系统和热带雨林一样复杂，浮游生物与二氧化碳的吸收或排放发生强烈的反应，但却很少有生物学家研究它们。

现在，当人们谈论大气环流模型的时候，他们不再指建立在传统天气方程上的大气环流模型了。现在，大气环流模型代表全球气候模型，甚至全球耦合模型，除大气环流之外，还包含了许多要素。

整个全球系统是如此的复杂，以至于古老的起源性谜题——冰期是如何开始和结束的——仍然悬而未决。一条重要的线索来自新的冰芯。它们证实，随着古代各个冰期的结束，在温度升高几百年之后，二氧化碳和甲烷水平也出现了升高。怀疑派抓住了这一点，声称温室理论是错的。但是科学家们认识到，这个时间差不是一个好消息。更确切地说，它证实了人们长久以来怀疑的气候系统中的中心反馈。显然，微小的米兰科维奇光照变化就足以打翻一个平衡。温度只需要略微升高，来自海陆的多出的温室气体增加到空气中，就会导致温度进一步升高……如此反复。目前的状况与此相反：我们通过提高温室气体水平而引起了变化。这非常有可能引发反馈过程。

人类排入大气的大量温室气体阻碍了辐射，和这种直截了当的物理效应相比，生物和化学的不确定效果在计算机模型中并不发挥重大作用。从某种程度上来说，最新的大气环流模型的确已经把重要的因素都纳入了考虑，因为大气环流模型都已经能够很好地重现地球从某一次冰期中期到目前的气候状态的每一步。而且对于观察到的不同水平的太阳活动和污染，包括火山爆发，它们都能够做出合理的演算。这些模型共有某些隐藏缺陷的可能性仍然存在，但这并不能佐证某些批评家所谓的人们"不必担心"。布勒克和其他人指出，如果模型有缺点，未来的升温会比预测的更严重。

这些模型面临的最大问题是人们并不真正在乎全球平均温度。农民和市政管理当局希望知道的是他们所在区域的天气。每一种模型都预测，随着天气引擎向周边驱动了更多的热量和湿气，许多干燥地区将会变得更加炎热，而湿润的地区将遭遇更多的滂沱暴雨。但是，对于一个给定的区域来说，这些模型仍然无法可靠地告诉我们应该为什么样的状况做准备。

1997 年，政府间气候变化专门委员会试图通过分析"脆弱性"来解决这个问题。如果专家们不能说出每个地方将会得到更多雨水还是更少雨水的话，他们至少可以说出这个地方在遇到这两种状况时的脆弱程度。

为了回答这个问题，专家们必须考虑的不仅仅是这个地区目前的气候，而且需要把它的经济、社会和政治状况纳入考虑。例如，仅仅报告说在较热的天气里，某种作物的收成会不好，这是不够的。因为农民们可以采取适应性措施——只需换一种可以在新环境下长得好的其他作物即可。但问题是，他们会不会这样做呢？地球物理领域的各类专家现在不仅要在同行之间开展对话，也不仅局限于和农艺学、传染病学等技术领域的专家进行交谈，他们还必须和社会科学家、经济学家、政治学家等进行谈话。

例如，政府间气候变化专门委员会的分析发现，"非洲大陆在面对预测的变化所产生的影响时是最脆弱的"。这不仅仅是因为非洲的许多地区已经受到了干旱和热带疾病的影响，更是由于人口的压力和政治的失败将带来环境恶化，使得气候变化带来的问题成倍增长。此外，非洲"大范围的贫困限制了他们的适应能力"。[10]

另外，在欧洲和北美，经过专业管理的农业体系则可能从适度的升温和二氧化碳水平上升中得到好处。无疑，任何大陆都无法阻止某些自然生态系统的恶化，而且海平面上升会给沿海地区带来严重灾害。即便是在富裕国家里，这也会威胁大众健康——但这些政府能够处理这些困难。一份美国政府研究证实，全球变暖对国家未来的影响相对温和。而在寒冷的俄罗斯，科学家们则很坦然地盼望温暖气候的到来。

这些专家们之所以把这些后果看成是可处理的，不仅仅是因为他们忽略世界上的穷人，而且是因为全球变暖在半个多世纪之后的将来。在这个将来到来之前，人类早就能控制住排放了，所以二氧化碳将不会真的飙升到危险的高度……对不对？不管怎么说，22 世纪还很远呢！

许多气候科学家继续为糟糕的后果担心，虽然这些后果发生的概率不大，但还是有可能的。最惊人的科学消息出现在 1993 年，来自遥远的格陵兰冰原的研究中心。美欧早先希望合作进行的新项目中止了，于是两个队各自开始钻探自己的冰洞。他们化竞争为合作——两处冰洞距离足够遥远，所以如果从两个地方得到的冰芯显示共同特征，就说明其反映了一个真正的气候效应，而不是由于基岩的特殊状况而出现的偶然事件。结果，在钻探的大部分过程中，两者的结果都十分匹配。冰芯的比对证明：气候变化之迅速，几乎超过任何科学家的想象。

20 世纪 60 年代，专家们认为温度的摆动要花费几万年；70 年代，这个时间变成了几千年；80 年代又变成了几百年。事实上，只要几十年就够了！在末次冰期，格陵兰在 50 年之内，温度就升高了 7 摄氏度。而在"新仙女木事件"过渡期，整个北大西洋气候的惊人变迁表现在 5 个雪层中，也就是 5 年！不能因为这些证据"难以置信"就将其排除在外。起码有一种解释是现成的：计算机模型显示，正像钱伯林在 100 年前推测的那样（见第1 章），北大西洋热盐环流可以发生显著的变化。与此同时，来自其他大陆的地质证据表明，"新仙女木事件"不仅带来了北大西洋的气候变化，而且改变了整个地球的气候。这次改变可能不是一次全球变冷，而是一次洋流的变化使一个半球变暖、而另一个半球变冷的"跷跷板"游戏。

这种气候冲击只发生在冰期之中吗？还是也可能发生在我们所处的这种暖期中？计算机模型表明，它也可能发生在暖期中。确实，人类就可能引发它。随着北大西洋变暖，从降水和冰川融化中得到了更多淡水，北向运送热量的热盐环流将有可能停止，从而带来全球各地天气模式的改变。布勒克警告说："正在累积的温室气体，有可能引发另一场海洋的重组……从而带来大范围的饥荒。"[11]

另一则令人不安的新闻来自俄罗斯南极东方站持续的深入钻探。他们的冰芯记录现在已经包括了四个冰期——间冰期，而且几乎每一个周期都伴随着显著的温度变化。当布赖森、施奈德和其他人警告说，我们记忆中最近百年左右的稳定并不是"正常的"温度变化时（见第 5 章），他们所触及的不稳定性，事实上要比他们的猜测大很多。

虽然这个新的观点具有深远的意义，但是却没有人挺身而出进行争论。2001 年，一份国家科学院委员会撰写的报告说：

20 世纪 90 年代对全球气候骤变的可能性的承认乃是人类思想的一次根本的重新定位，也是"学界的一次范式变迁"。1995年的政府间气候变化专门委员会报告包含了一条通告：出人意料的气候变化是可能的，"未来发生出人意料的、大规模且快速的气候系统变动（像远古曾经发生过的那样）"是可能的。但是作者们没有对这点进行强调。2001 年，科学院委员会说："地球科学家们刚刚开始接受和适应这种'高度变化性的气候系统'的新范式。"对于除气候学家之外的每一个人来说，未来的"气候变化"仍然指的是一种逐渐的变暖，并且其对目前的一代人影响有限（甚至许多气候科学家也是这么认为的）[12]。

大多数政治家几乎没有在众多需要关注的紧急问题中注意到气候科学。除非有公众意见的推动，否则，他们是不会反对短期工业利益的。但是关于全球变暖的争论和大多数的政治争论一样，并没有引起媒体的长期关注。政治家们看到，搅动这个议题无利可图。即便是戈尔，在 2000 年竞选总统的时候，也只简短地提及全球变暖。

科学记者们有时关注一条新闻，只为了将其作为一个故事的引子。例如，当统计工作者们宣布 1995 年是有温度记录以来地球最热的一年时，当 1997 年刷新了这个纪录，而 1998 年再创新高时，科学记者们都只对其进行了有限的关注。社会反响如此沉寂的原因，在于变暖最显著的地区是遥远的大洋和极地。地球上有许多地方变暖很明显，但某些小而重要的地区，特别是美国东海岸（有主要的政治和媒体中心）却没有经历这种高温。

官方研究报告都有成为镁光灯焦点的可能，但是，这种关注很少超过一天。如果故事描述的是可见的事物，往往会给人留下更多的印象。例如，当 2000 年 8 月，北极的游客告诉记者，他们看到的是开放的海域，冰盖已经消失，新闻报道说：极地冰消失了，这是数百万年来第一遭！——这种报道真是大错特错。但是，北冰洋浮冰确实在迅速消融；上述偶然的错误报道，象征性地说出了科学家们的心声，反而比任何干巴巴的数据更真实。其他气候变化的报道机会来自热浪、洪水、海岸风暴等新闻故事。素质较高的记者们注意到，这些事件中的任何一件都可能和全球变暖毫无关系。但是，这些事件却反映了一种令人不安的统计趋势。到了 20 世纪 90 年代后期，全球变暖的几个不容置疑的影响开始浮现。这些影响虽然很微小，但是却逃不过专家们的眼睛：某些鸟类和蝴蝶的生存边界在向北推移；北半球春天降临的平均时间要比 70 年代早了一个星期。对于某些人来说，这些事情听起来还不错。

世界上流行形象的塑造者们没能给公众提供可信的全球变暖画面。气候变化只是在几部科幻小说和粗糙的电影中得以表现。怪兽一般的风暴、海平面上升等现象，只是陈腐的动作片的背景。著名的怀疑派人士贬低气候学的研究结果，说这些只不过是耸人听闻的神话故事。而许多民众也乐于同意——不必杞人忧天。这颗行星上的 60 亿人有更紧急的事情要处理。

第 9 章
工作的终点……也是起点

"某些生态系统，特别是森林……可能无法快速适应全球温度的迅速升高……大部分的海滨湿地和沼泽也会被海水淹没……提早的化雪和春汛将扰乱水利系统……随着变暖的天气扩大昆虫的分布区，昆虫携带的疾病包括疟疾、落基山斑疹热等也会随之传播。"[1] 早在 1988 年，就有一家报纸对美国政府的研究进行了解读，以上只是它提出的诸多威胁中的几个。像众多关于气候变化影响的报道一样，该报道通篇充斥着"也许""可能"等字眼，这是因为各种效应相互作用，其中纠缠的联系令人不解。阿列纽斯首先提出的简单问题——平均温度将会上升多少——已经扩展成了一系列各种各样的难解之谜。这些难解之谜都源自一个大问题：全球变暖对人类来说究竟意味着什么？

至 20 世纪 90 年代末，全球每年投入数十亿美元研究气候及其影响。听起来是巨额款项，但仍远低于各国对许多其他科技问题的投入，和气候问题本身的规模很不相称。少数科学家从日常研究中抽出时间研究气候问题，并取得斐然成绩的日子早已一去不返。现在的工作是为数不清的具体问题寻求确切答案。其中的许多研究既需要昂贵的仪器设备，又需要高度专业化的科学家和技术人员团队。

处在中心位置的是计算机建模师，他们日益把精力集中在为政府间气候变化专门委员会计算结果上。在分析计算中的每个因素时，他们和所有与气候相关的专业学科交流想法和成果。政府间气候变化专门委员会发表的报告是由巨大的跨学科机制产出的。这种社会机制在规模、复杂性及重要性上都是全新的。

科学家们在奋力达成内部统一之后，还得和政府代表达成一致。一位高级科学家这样抱怨说："这完全令人抓狂！""不远万里飞去，通宵达旦协商，听到的却是大量的，有时甚至是愚蠢的干涉。"[2] 在准备政府间气候变化专门委员会 2001 年发布第三次评估报告所进行的讨论中，新的科学证据推翻了以工业集团为主导的怀疑者的异议，也说服了最顽固的官员。报告坦率地指出全球正在迅速升温，并宣布温室气体很可能是主要的罪魁祸首。全球将"非常可能以至少在过去 1 万年都史无前例的"速度持续升温。在人们设想的某些经济情况下，21 世纪后期的气温可能至多升高一两摄氏度。但如果温室气体水平得不到控制继续飙升的话，平均气温将会毁灭性地升高 5.8 摄氏度。[3]

在政府间气候变化专门委员会预测的诸多影响中，最重要的莫过于到 21 世纪末，海平面的上涨将高达 0.5 米。这个数字同样是长期谈判之后才采用的一个保守猜测。少数科学家警告说：海平面的上升可能会达到 1 米。1 米听起来或许不多，但在很多地区，这却意味着海洋将向陆地推进 100 米，甚至更多……这虽然不会构成全球灾难，但到了 21 世纪末，从美国佛罗里达州到孟加拉国的沿海地区民众每天都会生活在困难中，巨大的风暴潮会不时降临。即使现在用某种手段立即停止温室气体的排放，大气中现有的量也会在将来的 1000 年内继续吸收太阳能。没有什么能阻止海平面的上涨，这在几百年内都不会停止。历史上最近一次地球温度升高 3 摄氏度时，海平面上升了约 5 米，淹没目前居住着几亿人的沿海地区。

2000 年底在海牙举办的大型国际会议上，政府间气候变化专门委员会的发现成为困扰大会的幽灵。尽管这篇报告尚未正式完成，但是它的主要结论却已经被透露给参会代表们。来自 170 个国家的代表聚集一堂来制定详尽章程，以达到强制减少温室气体排放的目的——正如在京都会议上承诺的那样。大多数欧洲国家要求制定一套严格的温室气体控制制度，而美国政府却坚持实行更加市场友好的机制，谈判破裂了。

小布什总统上台后，在其能源工业界的朋友的游说下，对竞选时遏制温室气体排放的承诺置之不理。更有甚者，他还公然背弃《京都议定书》。报章舆论强烈地谴责这一行为是向工商集团投降。这的确是投降，但这种立场却与大部分美国公众及国会的需求相差不远。可以肯定的是，关于全球变暖问题，大多数人认为应该做点什么，但前提是不能显著地改变现状。

不过，对于气候变化的担心却在一些企业和公司中也蔓延开来。最先面临这个问题的大集团是保险行业。早在 20 世纪90年代初，随着暴风雨和洪水的日益泛滥（正如全球变暖理论研究者预测的那样），许多保险公司遭受了巨大损失。全球第二大再保险公司——瑞士再保险公司提出警告：若不关注公司温室气体的排放量，在打官司时公司将变得不堪一击。少数其他欧洲公司，特别是在深谋远虑的约翰·布朗（John Browne）领导下的石油巨头英国石油公司，也认定"现在，是该我们采取预防措施的时候了"（约翰·布朗1997年所言）。[4]美国的一些大公司也承认温室效应是一个真正的问题，它们相继退出了全球气候联盟，导致了该联盟的解体。

这种游说组织的存在纯属多余。因为小布什政府本身就是能源产业的优秀代表。不过，在埃克森美孚石油公司等企业的赞助下，1997年成立的"冷静头脑联盟"（Cooler Heads Coalition）仍然照常运营。联盟和一些志趣相投的保守派得到立法者和报社的帮助，张贴广告进行宣传，并向科学家们提供经费。他们言辞激烈地否认任何行动的必要。不知道是因为他们的这些努力，还是美国才有的一些特殊理由，许多美国决策者和民意领导人逐渐和别的国家发生了意见分歧。譬如，一项针对美国、新西兰和芬兰的报纸调查得出这样的结论："在美国，媒体宣称全球变暖是有争议性的，也是理论性的；而其他两个国家则用国际科学期刊的资料来说明问题。"[5]

科学家寻找各种各样的新证据来证明异常事件真的正在发生。他们不仅尝试从历史事件（如冰冻和丰收）的记录中推算过去的温度，还对树木年轮、珊瑚礁、洞穴堆积物等进行同位素分析。他们在世界之巅进行了一系列危险的考察，为了挖掘热带冰帽，冒险登上安第斯山脉和青藏高原，在稀薄的高原大气中辛勤工作。在一场暴风雪中，科考队领队朗尼·汤普森（Lonnie Thompson）把冰镐插入帐篷下的冰雪以防止帐篷被吹下山。新的冰芯表明：过去几十年的全球变暖已经超过了几千年以来的纪录。事实也确是如此，热带冰帽本身的融化速度超过了科学家的测量速度。2001 年政府间气候变化专门委员会报告中对过去 10 个世纪气温的估测曲线图被反复转载，这个曲线图显示，自工业革命以来，气温出现了陡然攀升。看来1998 年不仅是 20 世纪最热的一年，也是一千年中最热的一年。

想提升全球变暖危机意识的人们抓住了这个曲线图，但令一些气候专家遗憾的是，像所有新的研究发现一样，这个结果也是不确定的。每一组数据后面都大有文章，因为从原始测量到最终结果之间，需要许多步骤的分析。例如，我们从温度计能很直观地读取每天中午的气温，但如果有人忘了在夏令时到来时作相应的调整，又会怎样呢？气象学历史上，大量数据就是被这些微妙误差弄糟的。更糟糕的是，畅销报纸总是把历史气温曲线表现为一条单值、明确、水平的曲线，其末端像曲棍球杆一样骤然翘起。但是在原始曲线图中，一条很宽的灰色区带表示了不确定的温度范围，而恰恰是这个灰色区带中可能隐藏着巨量的气候变化信息（图 9–1）。

摄氏度

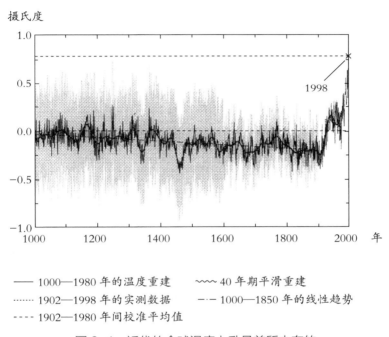

—— 1000—1980 年的温度重建 ∿∿∿ 40 年期平滑重建
······ 1902—1998 年的实测数据 —·— 1000—1850 年的线性趋势
---- 1902—1980 年间校准平均值

图 9-1 近代的全球温度上升是前所未有的

曲棍球杆曲线，包括了对上一个千年北半球气温的重建和 20 世纪气温的测量值。灰色区域代表了数据的分布；黑线是平均值，它给人的"确定的"印象是一种误导。更近的气温重建值在灰色区域内有所起伏，但是，大家都认可 20 世纪中期以来的升温是前所未有的。［Mann M，et al. Geophysical Research Letters，1999，26：761. 美国地球物理联合会版权所有（1999 年），经许可后转载。］

反对全球变暖论的人除了批判"曲棍球杆"是谬误甚至是蓄意欺诈之外，别无他法。还有一些人认为，中世纪存在一个暖期，和 20 世纪一样热。气象学家对这一时期进行了分析，却发现当时冷期和暖期散布在不同的时间和地点。像 20 世纪 60 年代的短暂降温一样，中世纪暖期主要出现在北半球的一些地区，和现在这样横扫全球的大规模升温是不同的。几个科研团队各自完成了对过去气温的重建，判定数据正确与否的最佳方法是发掘出其他的数据。在科学文献中，单值的曲棍球杆曲线让位给了一团意大利面条式的纠结曲线。图 9-1 中的每一条线在近半个世纪以来都呈现出尖锐的翘起。汉森等科学家自 70 年代开始一直坚持的预测被证明是正确的。

否认温室理论的科学家越来越少了，但他们继续提出了一系列似乎能支持他们观点的零星证据。其中一个论据很有说服力，引起了其他科学家的注意。计算机模型预测了温室效应中大气层每个层面的温度将如何增长。而这些信息却与卫星传来的数据相矛盾，卫星给出的数据显示，大气中间层不仅没有升温，反而可能降温。用热气球测量法测得的数据也显示，这些层面没有升温现象。计算机建模师想尽办法，仍不能强迫大气环流模型重现结果。但是，没有几位科学家认为这驳倒了全球变暖的整个主张，因为他们都知道，要把卫星或气球测得的数据还原为确切的大气温度，是个极其复杂的分析过程。当如此多的数据都与温室理论相符合时，这些另类的新数据只能在很小的程度上降低专家们对温室理论的信任度。

尤其有说服力的是一项历史调查，它深入挖掘了几千条老船的航海日志以得到海洋温度的记录。海洋作为气候系统的一个组成部分，吸收的热能比其他组成部分要多得多；要想看到明显的"变暖"，海洋应该是最佳地点了。20 世纪后半叶，大气上层的热量显著增加。而在不同的海洋盆地的各个层面的温度模式，能够与海洋 – 大气环流模型计算出来的温室效应的"踪迹"很好地拟合。[6]

同时，人们对人造卫星和气球测得的数据记录进行进一步研究，发现了各自的分析中隐藏的错误。事实上，大气中间层也在升温，并且与温室效应模型预测的差别不大。

对大众来说，最令人震惊的莫过于那些显示了冰川消融的今昔对比照片，从阿尔卑斯山到传说中乞力马扎罗山的雪。否定者抓住一个又一个相反的证据进行反驳，但事实却是全球超过九成的高山冰川正在缩减。冰川不断融化退缩，露出了已冰封好几千年的木乃伊。

现实的事件挤进了对潜在影响的抽象研究。结果是由于一些无法预料的复杂性，那些发达国家也不像很多人想象的那么安全了。譬如，2003 年，一股史无前例的热浪袭击了欧洲。计算表明这股热浪很可能被全球变暖强化了。当传统的八月假期来临，人们离开城市去旅游，却没料到留守老人们无法自救，数万人命丧黄泉。另一个例子就是树皮甲虫摆脱了寒冬的抑制，开始毁坏从阿拉斯加到亚利桑那的数千万亩林地，而日益减少的木材遭受了空前严重的森林火灾。没有人为全球变暖带来的这种独特后果做好准备。

公众对科学话题的理解通常摇摆不定，这次却跟着科学界日益浮现的共识而与时俱进。自 1988 年媒体开始大肆宣传以来，民意调查发现，约有一半美国人认为全球变暖已经到来，剩下的很多人也认为全球变暖即将到来。但全球大部分被调查的人都承认对气候变化不甚了解，也没有几个能坚持己见。事实上，21 世纪初，公开表明对全球变暖"十分"担忧的一小部分美国人的比例减少了，到 2004 年，对此表示担忧的美国人只勉强过半。[7]

与此同时，西欧国家倒变得更加惶惶不安。他们对环境问题的关注渐渐超过了美国，甚至一些保守的欧洲政党也逐渐同意对各种各样的污染进行控制。2003 年那股致命的热浪过后，一些政府便开始讨论更严格的环境管制。

接着，2005 年的夏天到来了，卡特里娜飓风摧毁了新奥尔良，使得这个夏天被冠上了"史上最惨大西洋飓风季"的称号。同年 10 月 3 日，《时代》杂志的封面提问：是我们自己令飓风加强了吗？对于全球变暖是否增大了飓风的风险，科学家们尚有分歧，还就此进行了激烈的争论。这又是一个例子：这次灾祸不一定是全球变暖引起的，但依然给人以深刻教训，因为海平面的上涨最终将掀起巨浪，越过现有的防洪堤。最令公众震惊的还是图像。科幻小说中被淹没了一半的高楼大厦、专家们近几十年来一直预言的"环境难民"——这一切都变成了现实,充斥着电视直播画面。

现在,国际民意调查发现,世界上几乎所有地方的大部分人都听说过全球变暖。在大多数国家,有25%~50%的人为此感到"非常担忧",其人数同几年前相比有很大增长。在中国,许多人也开始相信:气候变化危及经济发展和社会稳定。

然而民意调查和对目标人群的调查发现,大部分人很少把温室效应和他们的日常生活联系在一起。当被问及国家面临的环境问题时,大多数美国人在想到气候变化之前,会先想到饮用水的污染、局部烟雾或者热带森林的破坏。欧洲人通常把气候变化列为环境危机之首,但是,仍远远地放在他们担心的各种其他事务之后。很多人尽管表示担忧,却认为无能为力,束手无策;另一些人则满足于象征性的小步前进。很多人甚至不知道化石燃料是全球变暖的主要来源。更有一些人指望将来的科技进步能一劳永逸地解决这些问题。一项对美国人的调查得出结论:大部分美国人忧心忡忡,但事实上一点儿也不愿意想这些。"他们化关注为沮丧,而不是支持采取行动。"[8]

在很多国家,可能只有5%~10%的公众十分坚持自己的看法。站在这一边的人很害怕——害怕严重的甚至是世界末日式的灾难会给他们的生活方式,乃至地球上所有的生物造成威胁;而站在另一边的人则拒绝"自私自利的知识分子编造的全球变暖神话"。如果猜测前者的成员属于左翼，而后者的成员属于右翼，那么七八成是对的——起码在美国是这样的，在这里，全球变暖这个问题在政治上的两极分化比任何其他地方都要严重。

然而这两个极端都在趣味相投的媒体作品那里找到了安慰。譬如 2005 年的畅销科幻惊悚小说《恐惧状态》（*State of Fear*），作者迈克尔·克莱顿（Michael Crichton）把科学界描述为傲慢、不值得信任而且急于提出任何主张来争取科研经费的一群人。所见略同的网站和博客则指责气候警告是"左派宣传"，并传播与之相反的科学发现"珍闻"。在科学前沿总会有些异数，一旦科学家们解决了一个疑问，否定派就会紧抓住另一个新的问题。消息灵通的保守派则只关注政策和方针。他们说："我们所要采取的减轻全球变暖的措施都是劳民伤财，得不偿失的。"

而一些人试着通过自己的网站、博客以及媒体产品，坦率地表达对气候变化的恐惧。他们对世界末日的预言在 2004 年的特效电影《后天》中被演绎得淋漓尽致，如同身临其境。或许十分之一的美国公众及其他地区的很多人观看了这部令人难以置信的灾难大片，他们都看到了当墨西哥湾流停摆的时候，那场几天内就突袭而来的冰期。这听起来是科普文章和电视专题描绘北大西洋热盐环流戛然而止时的惯用手法，这也是布勒克和其他科学家从 20 世纪 80 年代就一直预测的事。毕竟，英格兰和拉布拉多半岛一样靠北，那么，如果没有墨西哥湾流的热量，它是不是就会和拉布拉多半岛一样冷了呢？

　　一些科学家在这之后进行了仔细研究，宣布这种可怕的事情不可能发生。即便热盐环流（比墨西哥湾流更浩大的水团运动）停止了，也不会出现冰期。拉布拉多半岛的风来自每个冬天都会结冰的苔原地区，而英格兰却受吸收海洋热量的盛行西风影响而暖意融融（其大部分热量从夏季开始就一直储存在海洋中）。改良的计算机模型计算显示，在接下来的一两百年，尽管环流确实有可能减速，但这种减速应该是逐渐的。它带来的任何降温作用都有可能被温室效应超过。布勒克本人对媒体的这种"夸大其词的假设"进行了批判。[9]

　　职业科学记者努力寻找精准而不失趣味的方式去解释最新的科学报告。数十年来，电视已经通过干旱的庄稼、飓风袭击以及海浪侵袭等影片阐释了气候的变迁；政治漫画家用笔描绘被淹没了一半的建筑或盘旋的龙卷风。人们对这些长久以来跟普通气象问题相关联的画面司空见惯，变得迟钝起来。终于，在21世纪初期，新的画面出现了：冰山从冰川中脱落入海；太平洋岛民和阿拉斯加州海豹猎人开始抱怨他们的生活方式受到了威胁；随着大型浮冰的融化，北极熊的生存受到了威胁。但所有这些都远离大部分民众的生活。在工业化国家中，许多人把全球变暖看成遥远的抽象概念，他们既不是岛民，也不是北极熊，全球是否变暖，与他们关系不大。

没人创作重要的小说或电影来悲天悯人，描述气候变化很可能带给我们的苦难——高山草甸、滨海湿地、珊瑚礁会被毁坏殆尽，热带疾病会向新地域蔓延，因干旱和沿海洪灾而挨饿的几百万难民将带来巨大的压力，甚至整个国家都将被迫诉诸侵略，或陷入绝望。

然而真正引起全球关注的却是一部花费不多的纪录片。1990 年开始，戈尔就在准备关于全球变暖的配图讲座。2006 年，讲座开始之后不久就被改编成名为《难以忽视的真相》（*An Inconvenient Truth*）的电影，名扬全球。这部电影给观众留下了深刻印象，其中包括很多重要的决策者。

更强大的力量向相同的方向推动着历史。随着人们完全理解了 2001 年政府间气候变化专门委员会报告的意义，美国科学记者和编辑们开始意识到在科学辩论中所应采取的立场。一些人承认，他们曾经过度倾向残余的反对者，分配给这一小拨人"同等的时间"。美国报纸对气候变化的报道在 20 世纪 90 年代中期曾降低到远不及欧洲的水平，现在则开始慢慢回升。卡特里娜飓风过后，备受推崇的媒体如《国家地理》杂志以及天气频道冒着激怒一部分受众的危险，把全球变暖列为真正严重的问题。《时代》杂志封面告诫人们："要担忧。"而在 2006 年，一位记者的思量是"要非常担忧""全球变暖在这年头有成为爆炸性新闻的苗头"[10]。

虽然公众对此只是做出迟缓的反应，但是重要的领导层动摇了。摇滚乐手和电影明星开始严肃地向人们传达气候变化的警讯。一些企业巨头（如通用电气公司和沃尔玛公司）的首席执行官，都带头以皈依者的热情来限制自己公司的温室气体排放。

美国《商业周刊》称2006年是"大部分实业界对全球变暖由争议到接受的一年"。[11]那些落后的执行官们感觉到了来自几方面的压力，而承诺抵抗气候变化会改善他们的公司形象。一些公司因为其排放的温室气体会产生危害而被告上法庭。华尔街投资商对公司进行评估的时候也开始权衡全球变暖的风险。更重要的是，为温室气体排放制定法律约束看来已经不可避免。正像《华尔街日报》报道的那样："探讨中最大的问题不再是是否该限制化石燃料的排放，而是谁该为清理这些排放买单。"明智的公司会见风使舵，带头讨论如何对温室气体课税和调控。杂志指出，这正是：不为刀俎，便为鱼肉——没有上桌就座的人，肯定是在锅里。[12]

尽管政府从来没有拨付巨款资助节能和可再生能源研究，但专家们却找到了实用可行，甚至有利可图的路子，来控制气候变化。比如修补输气管上的漏气孔，无疑会省不少钱，同时去除一种全球变暖的源头；减少燃煤工厂的细煤灰排放，不仅能减少黑颗粒引起的升温，而且能减少因它们导致的疾病传播带来的花费。总的来说，高效率和低污染不仅不会削弱经济，反而会促进经济。

即使小布什政府，也表现出改弦更张的迹象。在 2007 年的国情咨文讲话中，小布什最终同意我们应该"面对全球气候变化的严峻挑战"。但他提倡的自愿行动没有起什么作用。社会其他层面的行动则更加高效。从市政供水到森林管理领域的深思熟虑的官员，开始规划一个"大不一样的世界"。2007 年，几十个州的民主党人与来自加利福尼亚州、佛罗里达州和纽约州的共和党州长们计划采取强制性法律体系，来减少温室气体的排放。全球数百个大城市也在研究该怎样从汽车交通到建筑规范上做出相应的调整。教会、高校、无数其他非营利组织以及快速增多的民众也纷纷加入。许多人承诺努力减排，实现《京都议定书》的目标。

当时，京都谈判的代表们同意，只有得到占全球二氧化碳排放量 55% 以上的国家的一致批准，《京都议定书》才能生效。虽然美国政府袖手旁观，但 2005 年俄罗斯迈出了关键一步，俄罗斯的加入还是让《京都议定书》最终生效了。同时，2001 年在波恩召开的国际会议中，178 个国家的政府（不包括美国）制定出措施来贯彻《京都议定书》。这次的目标比原定目标有了些许缓和，期望在 2010 年将温室气体排放量减至 1990 年的排放水平。

很少有人相信这个目标能实现，即便实现了，也没有几个人认为这将为减缓全球变暖做出重大贡献。外交之道，循序渐进。首先的，也是最重要的工作，就是一步一步地改变态度。这将为制定法律机制（如设计出衡量各国排放量和裁定排放配额的程序）扫清道路。这些措施最终将带来实际的改变。从一开始，目标就是动员人们行动起来，以便后续采取更好的流程和技术。丹麦的风力发电厂和西班牙的太阳能发电站等项目已经显出了希望。在法律战线，2005 年欧洲人采取了对碳排放量的强制许可制度。不过，这套制度的执行实在是一言难尽。一开始，许可证价格飞涨，接着突然又跌到几乎一文不值。而"碳抵消"机制（例如，如果一家英国发电厂资助一家中国发电厂减排，该英国发电厂就获准排放二氧化碳）苦于错误百出，欺诈盛行。让人无语的是，这些都是京都会议的代表们想要的——用实验去验证特定政策的实践效果如何。这些经验将为 2012 年《京都议定书》到期后的再签新约奠定谈判的基础。

　　新一轮的协商在等待着下一个政府间气候变化专门委员会报告。计算机建模师责任重大，仍然努力奋战在众多项目的交汇处。目前主要有十多个团队在巨型机上操作难以捉摸的海洋—大气环流模型系统。云层和气溶胶的难题仍然阻碍他们做出可靠的区域性预测，但建模师得到的全球性数据却开始收敛。现在，他们有了一个完全独立的"检测标准"——地质学家独创性地推算出了从恐龙时代开始的温度曲线和大气中二氧化碳浓度的曲线，发现时代与时代之间存在着很大的波动。到 2006 年，地质学家对它们之间的相关性有了个概数：二氧化碳浓度每增加一倍，温度就升高 3 摄氏度。这些数据与大气环流模型系统得到的数据相吻合，这对科学家而言是一个可喜的证据，但对人类社会来说却并非佳音。

也有研究带来喜讯。我们在 20 世纪 80 年代看到的甲烷大肆涌入大气层的现象停止了（专家们对停止的原因看法不一，拿不准这到底是永久性的还是仅仅是一个间歇）。而粗略的计算也驱散了人们心头对深海可燃冰释放甲烷的忧虑。可以肯定的是，地质学家已经提出了相关证据，证明大量甲烷气体的泄漏可能与 5500 万年前的某场灾难性气候变化以及大规模物种灭绝有关。而对可燃冰的计算和对北大西洋热盐环流的计算得出的结果一样，最新的计算机海洋模型表明，在未来一两百年内不会有什么恐怖事件发生——当然更远的未来遥不可及，不值一算。

不过，大多数的科学消息是坏消息。全球二氧化碳及某些痕量温室气体正在以政府间气候变化专门委员会最悲观的预测加速排放。这不仅是由于发展中国家工业的飞速发展，也拜大多数发达国家未能履行京都誓言所赐。地球的自然物理系统与生物系统大概也帮不上忙。2000 年，科研工作者成功地把大气、海洋、植被以及土壤的计算模型耦合到一起，预测到 21 世纪中叶，暖化的生物圈将会从碳的净吸收者转化为碳的主要排放者，从而加快气候变化。

没过几年，就有很多报告指出，预言已久的反馈已经开始了。北极积雪和海冰的减少，正在导致地表对夏日阳光的加剧吸收。海洋也由于温度和酸度的增加而降低了吸收二氧化碳的效率。一些过去吸收二氧化碳的森林如今在被烘干、被烧毁。而最恐怖的威胁可能要算苔原了，在那里研究人员能亲眼看到温室气体在沼泽中冒泡！一位西伯利亚研究员称其为"可能无法逆转且毫无疑问与气候变暖有关的生态滑坡"。[13] 2005年前后，有关气候的科研论文和媒体报道中开始频繁出现"临界点"这个词，这表示人们承认，情况可能很快就无药可救了。

最让人心惊的是北极浮冰的缩减，和计算模型预测的一样，只不过速度更快！在未来几十年后，夏天的北冰洋将不再有冰覆盖，这也是几百万年来的头一遭！暖化效应甚至出现在了南极。南极四面环海并有巨大冰盖，科学家曾经认为这至少能保护南极在几百年内不受全球变暖的破坏。有些地方确实没有变暖甚至还偶有降温，但其他部分的冰正以超乎想象的速度消失。几千年来一直巍然屹立的大型漂浮冰架正在整个分崩离析。对冰川进行的探险考察证实了以前的猜测：冰架的消释将急剧加速其支撑的后方冰川的流失。理论家努力想让计算机模型与新的数据匹配。一位研究领队承认："冰川动力学的反应时间比我们想象的要短得多。"[14] 南极西部冰盖会在几百年内消失殆尽吗？科学家已不能像以前那样自信地回答这个问题了。

新数据同样显示，格陵兰冰盖也没有大多数专家想象的那么稳定。随着夏日气温升高，冰盖表面的积雪融化成水，使得冰盖表面变暗，从而吸收更多太阳能。格陵兰冰盖边缘正在以出人意料的速度融化，这类似南极洲的情况，但是速度更快。不难想象，在未来一两百年内的某个时候，汹涌的融冰流将以灾难性的速度升高海平面。汉森断言，除非我们立即采取行动，否则我们会发现自己"生活在一颗完全不同的行星"。

2007 年，政府间气候变化专门委员会发布了第四次评估报告。计算机建模师更加肯定的是：我们已经不大可能期望 21 世纪最后 10 年的升温幅度会低于 1.5 摄氏度。模型对升温的上限无法达成一致意见，但提出了一个微小又切实存在的可能性：全球温度将灾难性地飙升 6 摄氏度甚至更高。气候的复杂性让其不可能百分百精准，因为在全球真正升温之前，没人能精确地对这些反馈进行测量。

科学家们对某些事情更加确定了。全球变暖带来的严重后果已经落在我们头上了。在世界各地，科学家看到了日益严重的热浪、干旱、暴风雨。某些地方则在享受新气候，一些庄稼也从二氧化碳的肥力和温暖的夜晚得到了好处。但同时，害虫和热带疾病也在向变暖的地区蔓延。海洋酸度增加，其速度可能危及渔业，并最终导致珊瑚礁彻底消失。

在疲惫不堪的会议上，各国政府代表争论过后做出了政府间气候变化专门委员会关键的"决策者要点报告"，代表们同意，对于全球变暖，人类"非常有可能"要负责任，也就是说 90%~99% 肯定。而大多数科学家会说起码是 99% 肯定。其他主张的态度也缓和下来了，以便最谨慎的代表也接受它们。譬如海平面小组又一次预测到 2100 年，海平面上涨不会超过 0.5 米。只有一个不起眼的注解解释，这一计算来自常规的融化和热膨胀，并没有考虑到冰架融化后可能如何大肆涌进海洋等未经证实的因素。[15]

海平面的攀升其实已经达到了政府间气候变化专门委员会 1990 年报告所估计的上限，温度的实际升高也是如此。人们可能会说，在"可以忽略的变化"到"可能的最大变化"之间进行协商调和的过程中，政府间气候变化专门委员会的程序太冷静保守了。而另一些人则认为"保守"的意思是：为看起来不太可能，但却具有潜在灾难性的危险做准备——例如，人们为军队或为建造核反应堆制定的预算。正如某位地球物理学家告诉他同事的那样："直到现在，许多科学家可能还在有意无意地压低'不确定性范围'中某种极端的可能性，试图显得'缓和'和具有'责任感'（即避免让人们受到惊吓）。可是真正的责任感是提供证据，画出我们碰不得的'高压线'。"[16]

政府间气候变化专门委员会报告的作者们在撰写委员会 2007 年的最终综合报告时，受到了上述意见的影响。2007 年末，该报告公之于世。这是他们工作的终点，也是下一回合马拉松式国际谈判的起点。专家委员会因为和戈尔分享了诺贝尔和平奖而更加知名，也更受尊重。他们还冒险把藏于长篇科技报告中的风险估计作为重点提了出来——随着二氧化碳和其他温室气体的加速排放，气候变化有可能使得全球 1/4 的物种濒临灭绝。而更可能发生的是暴雨洪水使"整个社会……土崩瓦解"。没那么确定，但更加重要的可能性是出现"突然或不可逆转的"效应。更有甚者，"不能排除以百年为时间尺度的破坏性海平面上涨"。如果温室气体继续无限制增加，超出工业革命前水平的 2 倍，我们可能会看到许多人类文明赖以生存的生态系统的严重枯竭。[17]

这并不是我们无法摆脱的宿命，而是一项我们面对的挑战。经济学家发现，我们可以利用现有的或能轻易开发出来的技术，制止全球变暖。要看出从哪里开始并不难。各国政府依然在对全球变暖进行补贴，他们投入了大量金钱来支持对化石燃料的使用，而不是开发替代能源。最具影响的研究工作是 2006 年以世界银行前首席经济学家尼古拉斯·斯特恩（Nicholas Stern）为首的专家组为英国政府做的。他们估计：如果全球升温以科学家们估计的上限速度进行的话，到 21 世纪末，全球生产总值将缩减 5%，甚至更多。这种损失将不亚于第二次世界大战的破坏。避免这种破坏要付出的成本并不高——很可能只是 1% 的全球生产总值缩水，相当于经济发展延迟几个月而已。斯特恩说："气候变化是全球迄今为止遇到的最严重的市场失灵。"[18]

一些人用更冷静的方式来看待气候变化：视其为"安全

威胁"。军官们看到，政府有可能召集军队来安置环境难民，甚至直接为日益枯竭的资源动武，等等。高级军官开始意识到，在长期的威胁中，全球变暖不亚于恐怖主义。一些政治领袖和世界上多数公众同意这种看法。

现在，普通人发现了全球变暖，更重要的是领导精英发现了全球变暖。科学上对全球变暖的发现是在准备政府间气候变化专门委员会 2007 年报告的那几年完成的。许多科学家几年来几乎义务性地把近一半的时间投入国际议程，现在他们太累了。他们希望转而研究气候变化的细节，并寻求应对之道。政府间气候变化专门委员会已经完成了它被赋予的历史使命。它表明了全球变暖的科学对人类日常生活方方面面的重要性。从对上升多少度的技术讨论开始，人类已经进入了对行动日程的探讨。

对 21 世纪末全球温度的预测，依然停留在具有破坏性的 3 摄氏度左右。当然，不能排除其为相当温和的升温的可能，也不能排除其为完全灾难性升温的可能。不过，核心问题已经找到了答案，对这种危险的评估的确定程度已经远远超过了人们面临经济危机或外来威胁时需要采取行动的程度。世界已经经历了一次非同寻常的旅行。阿列纽斯在 1896 年提出的猜想，在 20 世纪上半叶几乎被所有专家否定，在下半叶却稳步发展，现在则被科学家、决策者和公众所接受，正如接受其他对未来危险的预测一样。

不确定性的主要来源不再是科学了。要预测气候变化，首先得预测二氧化碳、甲烷和其他温室气体的变化，预测烟尘和其他气溶胶的排放，更不要说预测森林和其他生态系统的变化了。这些变化受人类活动的影响要比受地球化学和生物学的影响更大。地球气候变化，是潜移默化还是惊天动地？这主要取决于将来的社会和经济走势，重中之重则是对温室气体排放的控制力度。在政府间气候变化专门委员会的报告中，科学家们已经给出了最佳预测，那么接下来的主要问题就是——人们将做出怎样的抉择。

第10章
反思

什么时候才能相信科学家告诉我们的关于世界的信息是可靠的？大多数"科学进步"的故事，都描绘了一幅人们毅然前行的画面。一位科学家"发现"某种现象，就像一位旧时的探险家第一次来到某个无人知晓的山谷。其他探险家也奋力前进，每个人都把知识向前推动一步，这就是"进步"一词的原意，即按照计划进行的一次庄严行军。但在现实中，当某位科学家发表了一篇有新观点或新观察的论文之后，其他科学家通常会带着合理质疑来看待它。很多论文，或许大多数论文，都含有错觉甚至明显错误。毕竟，从定义上来说，研究就是越过已知的边界进行的。人们在透过迷雾窥视一个未曾见过的模糊形状。每一项观察都必须进行检察和确认。

科学家们自己发现，最令人信服的对某种观点的确认，乃是来自侧面的确认，也就是来自使用完全不同观测方法或不同思路的研究团队的确认。地球物理学的研究对象在本质上十分复杂，不同领域之间的联系在这门科学中特别普遍。科学家们可能从火山烟雾中获得灵感，把它和对金星的射电观测结合起来，留意洛杉矶烟雾的化学性质，然后把所有这些代入一个对云层的计算中。你无法找到一个单独的观察结果或模型让所有人都信服。

这看起来并不像一次挺进新领土的远征，倒更像是一群急迫的人四处乱走。一些人聚在一起交换笔记，其他人竭力从喧嚣中倾听某个远方的声音，或者发出大声批评。每个人都在朝不同方向移动，要想看出整体趋势，得花上一段时间。我相信，这就是事物的普遍发展方式，不仅在地球物理学研究中，在大多数科学领域都是如此。

在本书里，我尝试以一千多篇气候变化科学方面最重要的论文为支点，将它们连成一体，希望通过这种方式，表现出这个过程。[1] 选出的这一千多篇文章中的每一篇，科学家们都需要发表另外十篇左右具有相同重要性的文章，以描绘相关数据、计算或技法。而为了这一万多篇文章中的每一篇，在这个特定领域的专家必须至少阅读另外十篇（后来发现重要性较低的）只提供了微弱确证，甚至可能包含令人疑惑的错误的论文，甚至后来发现毫不相关的出版物。通过从混乱中提取发展主线，本书所提供的画面，比当时的科学家们所能看到的画面更清楚。

在地球物理学领域，要得到一个一致的解释，比其他较为独立的学科（如天体物理学或分子遗传学等）更难。独立领域的科学家所处理的问题，都包含在一个理解得很清楚的界限之内。这种界限与一种社会界限大体一致，学科通过自己的期刊、科学社团、会议、大学院系等划定了一个圈子。科学家们发展这些社会机制，部分原因是便于他们训练学生和争取科研经费。此外，科学家们需要互相交流、探讨他们的发现，并总结出哪些发现是可靠的。学科的社会合作非常宝贵。

这个过程要运作，科学家们就必须信任自己的同事。如何保持这种信任？讲真话很重要，但是这还不够：科学家们虽然很少互相欺骗，但他们却很容易欺骗自己。基本的信任来自对同一个目标的追求，即发现可靠的知识，也来自在追求这种目标的时候共享同样的原则。第一个必要的原则就是容忍异议——在公开讨论中，鼓励所有理性的主张能被人们听到。第二个必要的原则就是"有限的共识"——在重要的方面达成一致，即便在其他方面还有分歧也无妨。

在社会结构碎片化的情况下，保持信任更加难能可贵。一个专业圈子无法彻底检查另外一个圈子里研究人员的工作，但是，它必须找到一些看起来可靠的人，并且接受这些人对最新结果的评价。对气候变化的研究就是这样一种极端的例子。研究人员无法把气象学从太阳物理学中分离出去，无法把污染研究从计算机科学中分离出去，也无法把海洋学从冰川—冰化学中分离出去，等等。他们在脚注中引用的期刊范围非常广泛。影响气候的因素太多了！这种复杂性给想对气候变化得出确切结论的人制造了困难。建立某种水平的信任，需要几十个科学圈子的检查和纠正，每个圈子都有自己要应对的问题。

谁发现了全球变暖？换言之，谁发现了人类活动正在让世界升温？不是一个人，而是很多科学团体。他们的成就不仅仅是积累数据、进行计算，还包括把这些方面联系起来。这个过程太复杂，太重要，因此在最后阶段被可见地制度化了：这就是政府间气候变化专门委员会的研讨会、评审会和谈判会。全球变暖的发现显然是一个社会产物，是成千上万名专家经过无数次讨论而形成的一项有限共识。

人们听到一个发现后，当然会评估这项发现的可信性，也就是说，判断自己应该在多大程度上相信其真实性。政府间气候变化专门委员会被要求做出清楚的表述。当其成员于 2007 年宣布，他们发现"非常可能"是我们排放的温室气体造成了现在史无前例的升温时，他们解释说"非常可能"指的是他们判断"此事为真"的可能性为 90%~99%。[2]

一些人仍然认为，全球变暖只不过是一种社会建构——更像是某个团体编造的神话，而不像你能握在手中的石头一样真实。批评家们指出，毕竟，科学界经常会有错误看法，不久又集体改变主意。大多数科学家认为这种反驳没有说服力，甚至很无聊。的确，半个世纪以前，大多数科学家认为卡伦德的温室变暖观点解释不通。但是，当时的科学家已经理解，他们对气候变化的认识，立论基础是零星的粗糙意见和不确定的观测。长久以来，专家们认为气候稳定性是理所当然的；卡伦德的主张虽然与此观念大相径庭，但是，科学家们只是把它暂时搁置。这种主张仍然萦绕在他们的脑海，等待更好的数据和理论的到来。公众的看法和科学界的观点一起发生变化，互相作用。在公众方面，残酷的经历让他们理解了技术会多么剧烈地改变一切，甚至改变大气本身。同时，在科学一边，在无数实地观测、实验室测量、数字计算的影响下，关于气候会如何改变的知识在发生演进，但这种演进仍然跳不出全社会的常识性理解所划定的范围（也局限在它所提供的经费范围内）。最终，结论已足够可靠了，共识性的专家组报告已是板上钉钉。20世纪末期，只有批评家们仍然执迷不悟，幻想气候是仁慈的、常态的和自我调节的。

在一种有限的意义上，我们可以把目前对气候变化的理解称为人类社会的一个产物。但我们不能仅仅把它称为一个社会产物。就此而言，未来气候的变化像电子、星系和许多其他不能被我们感官直接感知的事物一样。所有这些概念都来自各种观点的激烈交锋，直到大多数人被说服了，承认这些概念代表了某些真实的东西。"真实"意味着什么？这个问题保持开放。关于一个科学概念多大程度上能对应一个终极的真实，哲学家们提出了许多意见。这种永恒的问题很少会让气候科学家们分心，他们理所当然地认为，未来的气候像一块石头一样真实。与此同时，科学家们爽快地承认：他们关于这个未来事物的知识只能在由一系列可能性构成的范围内进行表述。

我们对气候的理解超越了科学报告，进入了一个更广阔的思维领域。当我看到街头的枫树，在记忆中第一次发现它们在 11 月下旬仍然是绿色的时，我看到的可能是自然的天气变化，也可能是人类排放温室气体所造成的现象。这种理解不仅仅是由科学家们塑造的，也是由利益集团、政治家和媒体塑造的。特别是对于全球变暖来说，社会影响意义更加深远。与行星的轨道不同，未来的气候实际上确实部分地取决于我们对它的想法——因为我们的想法会决定我们的行动。

对于全球变暖，我们能够做什么，我们应该怎么做？

我作为物理学家和科学史学家所受的训练给了我一些感觉，让我知道科学声明哪里可信，哪里不可信。诚然，气候科学充满着不确定性，没有人会声称自己确切地知道气候会怎么变。我确信，这种不确定性本身是毋庸置疑的：地球的气候可能发生巨大而无法预知的变化。除此之外，我们可以（和政府间气候变化专门委员会一道）得出结论：人类活动所导致的严重的全球变暖非常有可能在我们的有生之年降临。这种危害的可能性广泛而严重，要比人类通常有所准备的许多危险的可能性高很多！为数不多的仍然反对这些事实的人，要么是太无知，要么就是太沉迷于自己的观点，以至于要抓住任何借口来否定这种危险。

由于本书所写的成千上万人的艰苦努力，我们得到了及时警告——虽然可能刚刚来得及，因为政府对这种警告的注意出现了拖延。即使你的房子只有一点点失火的危险，你也会谨慎地安装烟雾警报器，并购买保险。为了我们社会的福祉和地球生态系统的健康，我们要做的也不能少于这些。因此，唯一有用的讨论是关于"什么是值得做的措施"的讨论。

现在我们就有很多事情可以做。做这些事情，不但成本低、效率高，而且即使不考虑全球变暖的因素，这些行动本身也能产生重大经济效益，高过成本。取消对化石燃料的政府补助会是一个很好的开端，这些补助数额巨大，大多数是暗补，非常不划算。对于美国来说，另有明智的一步，就是逐渐升高汽油税几美元（跟上其他绝大多数国家的步伐，同时降低其他方面的税，达到平衡），来支付因修路、交通堵塞、事故伤害及烟雾导致的医疗服务而产生的实际成本。其他经济上有利的政策将在众多领域改善燃料的效率，保护森林，等等。让我们的目光超越二氧化碳，其实，通过治理不健康的烟雾排放和其他环境危害，我们既能省钱，又能降低温室效应。这些步骤，中央政府可以做，地方政府可以做，大多数行业和每一个公民都可以做。特别是排放了最多温室气体的美国人要负的责任远远超过其他任何群体；美国人是最能够采取行动的人，必须做出表率！

最重要的是，税收和管制将发出强烈的"价格信号"，刺激技术和实践的发展，这些技术和实践在显著降低温室气体排放的同时，能够促进国民经济进步。这种发展已经初见端倪，不过技术的发展不能自力更生地实现"神奇增长"。根据经济需求的不同，技术可以停滞不前，也可以飞速前进，去解决问题。例如，结果证明，控制氯氟碳化物比相关行业担心的要简单得多，便宜得多。

　　如果有人说这些措施在社会和政治上是不可能的，那么他其实是忘了，人们决心要做出改变后，曾在无数领域里都实现巨大而快速的转变。（想一想在过去 50 年内，我们的生活甚至饮食方式发生了多么大的改变！）公民们可以重新考虑自己的个人行为，并对各行业和政府施加压力。天下兴亡，匹夫有责，时间紧迫——我们的时间已经不多了。我们开始的第一步是最容易的，也不会对未来的全球变暖产生显著疗效。但是，每一步都会为我们开发有效的技术和商议有效的政策带来经验。气候变化带来的危害可能会日益严重，从而驱使我们采取更有力的措施，这时，我们最初积累的经验就会派上用场。如果我们现在采取行动，这项工作比打赢第二次世界大战或赢得冷战要便宜得多，也容易得多，并且很可能会唤醒我们内心最美好的东西。

　　像许多威胁一样，应对全球变暖需要更多的政府行为，这令人担忧。但是，身处 21 世纪，在许多领域中政府行为的替代品不是个人自由，而是集体力量。在我们的叙述中，大工商集团的作用大多是负面的，充满了自私自利的昏惑和目光短浅的延误耽搁。大气是"公地问题"的一个典型例子，在古老的英格兰公共草地上，虽然过度放牧最终会让每个人都遭受损失，但是任何一个人却能通过增加自己啃草的母牛获利。在这种情况下，公众利益只能由公众规则来维护。

　　可以近乎肯定地说：全球变暖已经高悬在我们头顶了。

我们可以慎重地预测天气模式会继续发生变化，海平面继续升高，在我们的有生之年和身后之世，情况将越来越糟。全球几乎每个人都需要做出调整。虽然日子最不好过的将是贫穷群体和国家，但是其他人也跑不掉！人们需要可靠的信息，需要灵活地改变个人生活，需要各级政府有效而适当的互动。所以，要改善知识的交流方式，在社会治理中处处强化民主机制——这项工作十分重要，从某种意义上来说，这甚至是我们最应优先的工作。气候科学界一直有"收集事实、理性讨论、容忍异议、为达成不断演进的共识而协商谈判的精神"等特点，可以作为我们的好榜样。

第 11 章

故事未完①

在 21 世纪的第一个十年里，与天气有关的灾害如热带气旋、突发洪水、干旱和野火等明显增加，大大推动了相关问题的研究。全球变暖是诱因吗？起初，唯一的答案来自统计学。科学家们煞费苦心地告诫气象记者，避免声称气候变化是任何特定事件的原因；而所有人都可以说的是"总体概率正在发生变化"。到了 2010 年，天气灾害加强且发生频率增高，全球变暖显然提升了某些事件酿成灾难的可能性。

21 世纪的第二个十年，科学家们的胆子就更大了。运算更快的计算机和史无前例的高温让他们找出了更具事实依据的诱因，归纳出气候变化是不止一种特定灾害的直接原因。记得该研究领域的一位领军人物曾评论道："还记得我们怎么告诉你——永远不能这么说吗？而现在，我们就是这么说的。"例如，对 2012 年淹没纽约市的一场大风暴的分析表明，更高的海平面和更温暖的海面为风暴提供了能量，使灾难损失增加了近 100 亿美元。一项针对 2018 年日本致命热浪的研究也得出了结论：如果不是全球变暖，这些人员的死亡根本不会发生。

其他科学家团队（现在科学家都是团队作战）展望了未来。南极西部的冰川继续受到特别关注。新的调查发现，该冰川的主体部分受到暖化水体的侵蚀，正在分解；一些专家说，大量冰体滑入海洋已经是不可逆转的趋势。南极的东南端是一个寒冷而孤立的地区，曾被认为是全球变暖无法影响的禁地，而现在科学家们认为其冰川也在融失。与此同时，在格陵兰岛，冰川融化流入海洋的速度正在加快，科学研究推断：这一过程已经"不可逆转"。海平面可能会在几百年内逐渐上升，但随着专家们找到冰层可能崩塌的新方式，他们开始认为，海平面可能会出现毁灭性的突然上升。

　　不同类型的研究都得出了更令人不安的证据，表明人们预期的其他地球系统反馈机制可能正在启动。最明显的是，北冰洋海冰范围正在缩小，使得首次开航成为可能，也让北冰洋暴露的开阔水域成为吸收阳光的"黑水"。北冰洋这种异常获取的热量可能会改变整个北半球的天气模式，使热浪延长和暴雨增强。另一个被长期关注的问题是树木和土壤在固碳方面发挥的重要作用。2020 年，国际合作研究已发现，这种固碳能力正在迅速减弱。事实表明，亚马孙雨林的一些区域已经从吸收二氧化碳转为排放二氧化碳。

　　更令人担忧的是，大气中的甲烷浓度暂停上升了几年后，现在又以前所未有的速度上升。引起增长的部分原因是工业扩张，如美国石油、天然气的"水力压裂"开采。这些问题可以处理，但湿地和冻土带持续变暖，继而不断增加甲烷排放量的恶性循环则很难阻止。一位专家评论说，21 世纪气候科学的警句很可能是："这发生得比我想象的要快！"

　　预测工作的最大压力是巨大的地球系统模型，数百名专家将数千字节的数据输入数十台世界上速度最快的计算机。如果排放量继续以目前的速度增长，到 21 世纪末，全球变暖的可能性有多大？尽管建模人员将越来越多种复杂的云层内相互作用纳入模型，他们得到的答案仍与查尼小组 1979 年的第一次尝试一样不确定（见第 5 章）。

在 2021 年，政府间气候变化专门委员会最后报告了一些更为可靠的数据，算出气候变暖的下限是比 19 世纪的平均气温高出 2.5 摄氏度（比 2021 年的平均气温高出 1.4 摄氏度）。这打破了我们仅仅靠侥幸能避免严重变暖的希望。一些模型计算出上限为 5 摄氏度或更高。处在这样的变暖水平，人类文明将被破坏。然而，没有人相信这些模型能表明在这种前所未有的温度下，天气过程会如何变化。但关于历史气候和二氧化碳水平的充分证据则让政府间气候变化专门委员会将上限设定在 4 摄氏度。这将导致一场可怕的灾难，但该小组认为"不排除还会有更高温的可能性"。然而，就是这 5% 的地球升温概率也会让人类文明走向崩溃，就如一位科学家所说："如果你认为飞机有 5% 的概率会坠毁，那你就不会登机。"

尽管互联网上某些声音和政界右翼持续否认这一问题，但到了 2020 年，全世界大多数人都已承认这一风险。一系列破坏性极强的热带气旋和森林大火，加剧了人们的担忧，而这些灾害确实与全球变暖相关。1997 年的《京都议定书》（见第 8 章）是世界各国政府解决这一问题的第一次尝试，但现在显然失败了。温室气体排放速度非但没有下降，反而不断上升。2009 年，大批外交官和数千名观察员涌入哥本哈根，希望用一项具有约束力的遏制排放条约来取代《京都议定书》。然而，会上发展中国家和工业化国家之间互相攻击，激烈辩论，令会议陷入僵局。

2014 年，美国和中国达成了一项协议，打破了僵局。美国在大气中的累计二氧化碳排放高于任何其他国家，而中国二氧化碳的年排放量目前排世界第一。两国领导人奥巴马总统和习近平主席，同意在不约束对方的情况下各自确定要削减的排放量。2015 年在巴黎举行的会议上采纳了这一原则：每个国家都将自愿为本国未来的温室气体排放做出承诺，并监测其实际进展。

即使兑现《巴黎协定》的所有承诺，仍不足以防止全球变暖将造成的严重破坏。况且，几乎没有人相信这些承诺能全部兑现。政府间气候变化专门委员会于 2018 年发布了一份报告，该报告给人类的头脑泼了一桶冷水。政府间气候变化专门委员会说，若气温较 19 世纪平均水平上升 1.5 摄氏度以上，会造成大范围经济损失和人类灾害；而若气温上升 2 摄氏度以上，则会将我们带入一个更危险地带——一个由于触发全球变暖的正反馈而完全崩溃的世界。

全世界的许多人，特别是年轻人，现在都警惕忧心，以至于对未来产生绝望、恐惧和悲伤，这成为全球性心理健康问题。他们的一个解决办法是发挥政治能动性，因此示威活动成倍增加，包括阻塞天然气管道等非暴力行为。气候变化对政治的影响已经越来越突出，尽管大多数人仍专注于经济、健康、地缘政治等传统问题。

好消息是，在越来越多的地区，太阳能和风能正变得比化石燃料更便宜，这在很大程度上要归功于几十年的政府补贴政策（尽管它们远少于对化石燃料的补贴）。许多人认为，其他如核反应堆、蓄能电池等新技术，最终可能会以更低廉的成本代替大多数化石燃料。另一个希望是将二氧化碳从大气中去除——这是一个更为遥远的愿景，需要实施目前仍处于起步阶段的高深技术。

2015 年《巴黎协定》诚然不够充分，但包含了一项承诺——各国保证将减排工作逐渐提高到更高水平。2021 年的格拉斯哥会议上也确实做出了更坚定的承诺。如果这些都实现了，就可能足以避免危险的气候变化。然而要履行这些承诺，各国政府必须面对根深蒂固的利益集团，实施根本性的政策改革。当然，施以足够的压力，这些是可能做到的。

所以，到底需要做些什么呢？2009 年，两个团队分别发表了一份惊人的计算结果，即，人类排放到大气中的所有温室气体的总和，将决定未来的全球温度。为了阻止气候变暖到达 2 摄氏度的危险区，我们已经投入了大量资金并采取重要措施，大部分埋藏地下的煤炭、石油、天然气（曾被政府、企业视为资产）将永远不用于燃烧，人类的温室气体排放量必须在 2030 年之前就开始减少，并出台政策，保持碳排放以惊人的速度下降到零。

然而很多人尚不理解，21 世纪 20 年代可能是全人类历史上最大危机的年代。人类已经拖延太久了，以至于再有任何拖延，都会将气候系统锁进一个不可避免的高温笼子中。2030 年制定的政策，决定着未来一万年乃至更长时间我们地球的气候。责任重大，需要我们付出巨大的努力——事实上，整个未来也取决于我们这代人的行动，我们可以对这十年的政策制定产生影响，哪怕是一些微不足道或间接的行动。现在，一切都取决于我们。

有关参考资料和更多信息，请访问每年更新的全球变暖发现网站：https://history.aip.org/climate/。

大事记

1800—1870 年

第一次工业革命。煤炭、铁路和垦荒加速了温室气体排放，同时，农业进步和卫生条件改善加速了人口增长。根据后来对古冰的测量，大气中二氧化碳的体积分数约为 290×10^{-6}。

1824 年

傅里叶计算出，如果地球没有大气层，将会寒冷得多。

1850—1870 年

全球平均气温约为 13.6 摄氏度。

1859 年

丁达尔发现某些气体可以阻挡红外辐射。他提出，温室气体浓度的改变会引起气候变化。

1870—1910 年

第二次工业革命。化肥等化工品的应用、电力和公共卫生的发展，进一步加速了温室气体排放的增长。

1896 年

阿列纽斯发表了关于人类排放二氧化碳导致全球变暖的第一个计算报告。

1897 年

钱伯林建立了一个全球碳交换的模型，其中包含各种反馈机制。

1914—1918 年

第一次世界大战；各国政府学会了动员和控制工业社会。

1920—1925 年

美国得克萨斯州油田和波斯湾油田的开发，开创了廉价能源时代。

20 世纪 30 年代

媒体开始报道自 19 世纪后期以来的全球变暖趋势。米兰科维奇认为行星轨道变化是导致冰期发生的原因。

1938 年

卡伦德指出，二氧化碳造成的全球温室效应正在发生，这重新燃起了人们对这一问题的兴趣。

1939—1945 年

第二次世界大战。其大战略在很大程度上由争夺油田驱动。

1945 年

美国海军研究办公室开始为许多科学研究领域慷慨地提供资助，其中一些领域恰好对理解气候变化很有帮助。

1956 年

尤因和唐提出了一种冰期快速启动的反馈模型。菲利普斯建立了一个比较真实的全球大气计算机模型。普拉斯计算出，大气中二氧化碳的增加会对辐射的平衡产生重大影响。

1957 年

苏联发射"斯普特尼克"人造卫星。对冷战的顾虑成就了国际地球物理年（1957—1958 年），为气候研究带来了新的经费和合作机会。雷维尔发现，人类排放的二氧化碳并不会很快地被海洋吸收。

1958 年

射电望远镜研究表明，温室效应使金星大气温度远远高于水的沸点。

1960 年

米切尔报告了自 20 世纪 40 年代初期以来全球气温的下降状况。基林准确地测量出地球大气中二氧化碳的浓度，并且发现其每年都有所提高。体积分数是 315×10^{-6}。全球平均气温（5 年的平均值）是 13.9 摄氏度。

1962 年

古巴导弹危机，冷战的顶峰。

1963 年

计算结果表明，水蒸气的反馈作用使气候对大气中二氧化碳浓度的变化极其敏感。

1965 年

在科罗拉多州博尔德市召开的"导致气候变化的原因"会议上，洛伦茨等人指出了气候系统的混乱本质和突变的可能性。

1966 年

埃米利亚尼对深海钻芯的分析表明，细微的轨道变化决定了冰期的发生时间，这表明气候系统对细微变化是敏感的。

1967 年

全球大气研究计划建立，主要目的是为改善短期气象预测而收集数据，但包括了气候研究。真锅淑郎和韦瑟罗尔德做了一次令人信服的计算，表明如果二氧化碳的浓度增加一倍，全球气温将升高几摄氏度。

1968 年

研究表明，南极冰盖存在融化的可能性，这会导致海平面灾难性地升高。

1969 年

宇航员登月行走，人们意识到地球是一个精巧脆弱的整体。布迪科和塞勒斯提出了灾难性的冰反照率反馈的模型。"雨云 3 号"人造气象卫星开始提供综合性的全球大气温度的观测数据。

1970 年

庆祝第一个"地球日"。环境保护运动取得了巨大影响，传播了全球环境退化的忧虑。美国国家海洋与大气管理局成立，成为世界上气候研究的主要资助者。人类活动产生的气溶胶正在快速增长。布赖森声称，这些气溶胶正在导致全球变冷。

1971 年

SMIC 杰出科学家大会报告了由人类引起的快速而严重的全球气候变化的危险，并呼吁有组织地进行研究。"水手 9 号"探测器发现，一次巨大的尘暴使火星气温升高，并发现迹象证明火星过去的气候与现在完全不同。

1972 年

冰芯与其他证据表明，在过去 1000 年左右的时间里，相对稳定的气候模式之间存在巨大的气候变化切换。

1973 年

石油禁运和价格上涨带来了第一次能源危机。

1974 年

1972 年以来的严重旱灾促进了公众对气候的关注；气溶胶被怀疑既可能导致变冷又可能导致变暖；记者们讨论新冰期的降临。

1975 年

飞机的环境影响警告导致了对平流层中痕量气体的研究，并发现它们对臭氧层构成危险。真锅淑郎及其合作者建立了复杂但可行的计算机模型，表明大气中二氧化碳浓度增长一倍会导致气温升高几摄氏度。

1976 年

研究发现，氯氟碳化物（1975 年）、甲烷和臭氧（1976年）也会大大促进温室效应。深海钻芯证明了十万年的米兰科维奇轨道变化的重大影响，这凸显了反馈机制的作用。森林砍伐等生态系统的变化被认为是影响未来气候的主要因素。埃迪证明，过去数个世纪中，存在长时间没有太阳黑子活动的时期，这些时期与较冷的时期相呼应。

1977 年

各种科学观点逐渐达成一致，认为全球变暖是 21 世纪最大的气候危机。

1978 年

整合美国气候研究的努力，以一个不完善的《国家气候项目法案》告终，随之而来的是研究经费的暂时性增长。

1979 年

第二次能源危机。声势浩大的环境保护运动促进了可再生能源的研发，并制约了核能的发展。美国国家科学院的报告认为，大气中二氧化碳浓度增长一倍会使全球温度上升 1.5~4.5 摄氏度，这一结论非常可信。世界气候研究项目启动，以协调国际研究。

1981 年

里根总统的当选带来了对环境保护运动的强烈反对；政治保守主义与对全球变暖的怀疑主义紧密相连。IBM 个人电脑出现。发达经济体逐渐减少每一单位产量的能源使用量。汉森等人证明，硫酸盐气溶胶能够大幅降低气温，这让人们对演示未来温室效应的模型信心大增。部分科学家预测，到 2000 年左右会显现温室效应的"信号"。

1982 年

格陵兰冰钻芯表明，在远古时代，剧烈的气候突变曾在一个世纪的时间内发生。自 20 世纪 70 年代中期以来明显的全球变暖现象被公之于众。1981 年是有温度记录以来最热的一年。

1983 年

美国国家科学院和环保局的报告引发了争论和冲突；温室效应成为主流政治的重大话题。

1985 年

拉曼纳森及其合作者宣称，由于甲烷和其他痕量温室气体的增加，全球变暖的到来可能比预期的快 2 倍。菲拉赫大会宣布了专家们的共识：某种程度的全球变暖看起来不可避免；他们呼吁各国政府考虑制定限制气体排放量的国际协议。南极冰钻芯表明，在过去的冰期中，二氧化碳的浓度与气温总是一起升降，这表明了强大的反馈作用。布勒克推测，北大西洋环流的变化会带来迅速的气候变化。

1987 年

维也纳会议的《关于消耗臭氧层物质的蒙特利尔议定书》要求对破坏臭氧层的气体的排放量进行国际性限制。

1988 年

随着创纪录的高温和旱灾的发生，以及汉森的作证，新闻媒体对全球变暖的报道量逐渐攀升。多伦多大会呼吁对温室气体的排放量进行严格具体的限制；英国首相撒切尔夫人是第一位呼吁行动起来的国家领导人。冰钻芯和生物研究证实，有生命的生态系统通过甲烷发生气候反馈作用，这会加速全球变暖的进程。政府间气候变化专门委员会成立。

1989 年

化石燃料产业及美国其他产业组成的全球气候联盟试图说服政治家和公众，气候科学是如此的不确定，并不能作为行动的根据。

1990 年

政府间气候变化专门委员会的首次研究报告指出，世界正在变暖，未来的气温升高看起来是可能的。

1991 年

皮纳图博火山爆发；汉森预测了一个降温模型，这个计算机模型将在 1995 年验证气溶胶效应。全球变暖怀疑论者们声称，20 世纪的气温变化是随着太阳的影响而发生的。（在下一个十年，太阳与气候的关联理论被证伪。）对 5500 万年以前的研究表明，来自海底的甲烷的大量释放会强化巨大的自我维持性气候变暖机制。

1992 年

里约热内卢会议制定了《联合国气候变化框架公约》，但是美国反对采取严厉的措施。对古代气候的研究表明，气候的敏感度与计算机模型独立计算预测出来的范围是相同的。

1993 年

格陵兰冰芯表明，剧烈的气候变化（至少在一个地区性范围内）可以在十年之内发生。

1995 年

政府间气候变化专门委员会的第二次报告发现了人为温室效应的证据，并宣称在下一世纪里严重的气候变暖很可能发生。关于现在南极洲冰架融化，以及两极地区其他气候变暖现象的报道开始影响公众的观点。

1997 年

丰田汽车在日本推出普锐斯系列，这是首次面对大众市场的油电混合动力车。风力涡轮机和其他替代能源也有了快速发展。国际会议制定了《京都议定书》，如果有足够的国家签署议定书，会议就会设定减少温室气体排放量的目标。

1998 年

一次"超级厄尔尼诺事件"引致了气候灾难和史上最热年份（与 2005 年至 2007 年极其接近）。钻探数据证实了不同寻常的变暖趋势。研究团队模拟冰期气候，并且无须特别调整就能够重演目前的气候。这减少了人们对计算机模型的"专断性"的疑虑。

2000 年

由于许多公司在努力克服气候变暖的威胁，全球气候联盟解散。但是石油游说团体使美国当局否认气候变暖问题的存在。各种各样的研究都强调碳循环中生物反馈作用的多样性和重要性，这可能会加速气候变暖。

2001 年

政府间气候变化专门委员会的第三次报告坦言，"很可能"正在发生自上一次冰期结束以来前所未有的全球变暖，并将伴随严重的意想不到的灾害。辩论已经尘埃落定了，只有极少数科学家还在争论。美国科学院的一个专家组看到了某种"范式转换"——认识到气候剧变的危险可能发生在几十年内。除美国外，大部分国家都出席了波恩会议，会议面向《京都议定书》的目标建立了行动机制。气候变暖在洋盆中被观察到；其与计算机模型的匹配明确地印证了温室效应。

2003 年

众多观察报告促使人们担心南极洲西岸和格陵兰冰盖的融化将会快速提高海平面，比绝大多数人相信的速度要快得多。致命的夏季热浪席卷欧洲，这加剧了欧洲和美国公众的意见分歧。

2004 年

在一项针对过去 1000 年的气温数据的争论中，大多数人断定，过去气候变化的剧烈程度不能与 1980 年以后的全球变暖相比。

2005 年

《京都议定书》生效，除美国外，其他主要工业国家都已签字加入。日本、西欧和美国地方政府及各大公司均采取措施以加速减排工作。卡特里娜飓风和其他强热带风暴激发了公众讨论全球变暖对暴风发生频率的影响。

2006 年

通过长期争论的"曲棍球棒"，科学家得出结论，1980 年后的全球变暖为几百年以来所未有。现代温度的上升不能归因于太阳能的变化。纪录片《难以忽视的真相》说服了许多人，但加剧了政治两极分化。中国超过美国成为世界上最大的二氧化碳排放国。

2007 年

政府间气候变化专门委员会第四次报告发出警告，称气候变暖的严重后果已经显而易见；减少温室气体排放的成本会远远低于温室效应将造成的损失。格陵兰岛、南极冰盖、北冰洋海冰冰盖的收缩速度快于预期。大气中二氧化碳的浓度已达到 382×10^{-6}。全球（5 年内）平均气温是 14.5 摄氏度，这是数百年来，甚至可能是数千年来最温暖的时期。

2008 年

气候科学家指出，即使可以立即停止排放所有温室气体，全球气温升高仍将持续数千年。

2009 年

许多专家警告说，气候变化造成的损害正在以比几年前预期的更快的速度到来。气候科学家被窃取的电子邮件摘录引发了公众的怀疑。哥本哈根世界气候大会未能就具有约束力的协议进行谈判：避免未来严重气候变化的希望破灭。

2011 年

对日本福岛核反应堆灾难的反应，终结了核电复兴的希望。

2012 年

"归因"研究发现，全球变暖令最近的一些灾难性热浪、极端旱涝变得更糟。

2013 年

解释了怀疑论者公布的自 1998 年以来大气层全球变暖的明显停顿或"中断"；世界仍在变暖（正如随后几年所证实的那样）。

2015 年

研究人员发现，南极西部冰盖的坍塌可能是不可逆转的，在未来几个世纪里，海平面将上升数米。《巴黎协定》签订，几乎所有国家都承诺制定自己的温室气体减排目标，并报告其进展。

2016 年

在某些地区，太阳能和风能在经济上与化石燃料相比更具有竞争力。

2018 年

政府间气候变化专门委员会关于升温 1.5 摄氏度的报告

称，为了避免危险的气候变化，到 2030 年，世界温室气体排放量必须急剧下降。

2019 年

科学家的警告中加入日益增多的灾难（热带气旋、野火等），刺激了公众示威和公民不服从。

2021 年

政府间气候变化专门委员会第六次报告警告：不能排除灾难性后果。格拉斯哥会议激发了限制排放的承诺，这不足以避免危险的气候变化，但降低了灾难性变化的风险。全球平均气温为 14.8 摄氏度，为数万年来最高。大气中的二氧化碳水平为 418×10^{-6}，为数百万年来最高。

参考文献

深入阅读：气候科学的文献目前正在快速增长中。请访问 www.aip.org/history/climate/links.htm 以获得定期更新的著作和网络出版物。

完整的参考文献和参考书目大约 32000 条，具体请访问 www.aip.org/history/climate，并可查看所有主题的更加广泛的讨论。

第1章 气候，怎么会改变？

1. "Warmer World, " *Time*, 2 Jan. 1939, p, 27.
2. Albert Abarbanel and Thomas McCluskey, "Is the World Getting Warmer?"*Saturday Evening Post*, 1 July 1950, p. 63.
3. "Warmer World, " p. 27.
4. G. S. Callendar, "The Artificial Production of Carbon Dioxide and Its Influence on Climate, "*Quarterly J. Royal Meteorological Society* 64 (1938): 223-240.
5. John Tyndall, "Further Researches on the Absorption and Radiation of Heat by Gaseous Matter" (1862), in Tyndall, *Contributions to Molecular Physics in the Domain of Radiant Heat* (New York: Appleton, 1873), p. 117.
6. John Tyndall, "On Radiation through the Earth's Atmosphere, "*Philosophical Magazine* ser. 4, 25 (1863): 204-205.
7. Athelstan Spilhaus, interview by Ron Doel, Nov, 1989, American Institute

of Physics, College Park, Md.

8. H. Lamb quoted in Tom Alexander, "Ominous Changes in the World's Weather, "*Fortune*, Feb. 1974, p. 90.

9. William Joseph Baxter, *Today's Revolution in Weather* (New York: International Economic Research Bureau, 1953), p. 69.

10. Thomas C. Chamberlin, "On a Possible Reversal of Deep-Sea Circulation and Its Influence on Geologic Climates, " *J. Geology* 14 (1906): 371.

11. James R. Fleming, *Historical Perspectives on Climate Change* (New York: Oxford University Press, 1998), chaps. 2-4.

12. Hubert H. Lamb, *Through All the Changing Scenes of Life: A Meteorologist's Tale* (Norfolk, U. K. : Taverner, 1997), pp. 192-193.

第2章 发现一种可能性

1. C. -G. Rossby, "Current Problems in Meteorology, "in *The Atmosphere and the Sea in Motion*, ed. Bert Bolin (New York: Rockefeller Institute Press, 1959), p. 15.

2. Gilbert Plass, interview by Weart, 14 March 1996, American Institute of Physics, College Park, Md.

3. G. N. Plass, "Carbon Dioxide and the Climate, " *American Scientist* 44 (1956): 302-316.

4. Ibid.

5. Roger Revelle, "The Oceans and the Earth, "talk given at American Association for the Advancement of Sciences symposium, 27 Dec. 1955, typescript, folder 66, box 28, Revelle Papers MC6, Scripps Institution of Oceanography archives, La Jolla, Calif.

6. Roger Revelle and Hans E. Suess, "Carbon Dioxide Exchange between Atmosphere and Ocean and the Question of an Increase of Atmospheric

CO₂ during the Past Decades, "Tellus 9 (1957): 18-27.

7. Clark A. Miller, "Scientific Internationalism in American Foreign Policy: The Case of Meteorology, 1947-1958, "in *Changing the Atmosphere: Expert Knowledge and Environmental Governance*, ed. Clark A. Miller and Paul N. Edwards (Cambridge, Mass. : MIT Press, 2001), p. 171 and passim.

8. J. A. Eddy, interview by Weart, April 1999, American Institute of Physics, College Park, Md. , p. 4.

9. C. C. Wallén, "Aims and Methods in Studies of Climatic Fluctuations, "in *Changes of Climate: Proceedings of the Rome Symposium Organized by UNESCO and the World Meteorological Organization, 1961* (UNESCO Arid Zone Research Series, 20) (Paris: UNESCO, 1963), p. 467.

10. Roger Revelle, interview by Earl Droessler, Feb. 1989, American Institute of Physics, College Park, Md.

11. Charles D. Keeling, "The Concentration and Isotopic Abundances of Carbon Dioxide in the Atmosphere, "*Tellus* 12 (1960): 200-203.

第3章 精巧而脆弱的系统

1. Jhan Robbins and June Robbins, "100 Years of Warmer Weather, " *Science Digest*, Feb. 1956, p. 83.

2. Helmut Landsberg, reported in "A Warmer Earth Evident at Poles, " *New York Times*, 15 Feb. 1959.

3. United States Congress (85: 2), House of Representatives, Committee on Appropriations, *Report on the International Geophysical Year* (Washington, D. C. : Government Printing Office, 1957), p. 104.

4. J. Gordon Cook, *Our Astonishing Atmosphere* (New York: Dial, 1957), p. 121.

5. Conservation Foundation, *Implications of Rising Carbon Dioxide Content*

of the Atmosphere (New York: Conservation Foundation, 1963).

6. National Academy of Sciences, Committee on Atmospheric Sciences Panel on Weather and Climate Modification, *Weather and Climate Modification: Problems and Prospects*, 2 vols. (Washington, D. C. : National Academy of Sciences, 1966), vol. 1, p. 10.

7. Ibid. , pp. 16, 20.

8. Cesare Emiliani, "Ancient Temperatures, "*Scientific American*, Feb. 1958, p. 54.

9. Wallace S. Broecker, "In Defense of the Astronomical Theory of Glaciation, "*Meteorological Monographs* 8, no. 30 (1968): 139.

10. Wallace Broecker et al., "Milankovitch Hypothesis Supported by Precise Dating of Coral Reef and Deep-Sea Sediments, " *Science* 159 (1968): 300.

11. C. E. P. Brooks, "The Problem of Mild Polar Climates, "*Quarterly J. Royal Meteorological Society* 51 (1925): 90-91.

12. David B. Ericson et al., "Late-Pleistocene Climates and Deep-Sea Sediments, " *Science* 124 (1956): 388.

13. Wallace Broecker, "Application of Radiocarbon to Oceanography and Climate Chronology" (PhD thesis, Columbia University, 1957), pp. v, 9.

14. Harry Wexler, "Variations in Insolation, General Circulation and Climate, " *Tellus* 8 (1956): 480.

15. Wallace Broecker, interview by Weart, Nov, 1997, American Institute of Physics, College Park, Md.

16. Lewis F. Richardson, *Weather Prediction by Numerical Process* (Cambridge: Cambridge University Press, 1922; rpt. New York: Dover, 1965), pp. 219, ix.

17. Jule G. Charney et al. , "Numerical Integration of the Barotropic Vorticity Equation, "*Tellus* 2 (1950): 245.

18. C. -G. Rossby, "Current Problems in Meteorology, "in *The Atmosphere and the Sea in Motion*, ed. Bert Bolin (New York: Rockefeller Institute Press, 1959), p, 30.

19. Norbert Wiener, "Nonlinear Prediction and Dynamics, " in *Proceedings of the Third Berkeley Symposium on Mathematical Statistics and Probability*, ed. Jerzy Neyman (Berkeley: University of California Press, 1956), p. 247.

20. Edward N. Lorenz, "Deterministic Nonperiodic Flow, " *J. Atmospheric Sciences* 20 (1963): 130, 141.

21. Edward N. Lorenz, "Climatic Determinism, " *Meteorological Monographs* 8 (1968): 3.

22. J. Murray Mitchell, "Concluding Remarks" [based on Revelle's summary at the conference], in Mitchell, "Causes of Climatic Change" (*Proceedings*, Ⅶ Congress, International Union for Quaternary Research, vol. 5, 1965), *Meteorological Monographs* 8, no. 30 (1968): 157-158.

23. Hubert H. Lamb, "Climatic Fluctuations, "in *General Climatology,* ed. H. Flohn (Amsterdam: Elsevier, 1969), p. 178.

第4章　可见的威胁

1. Reid A. Bryson and Wayne M. Wendland, "Climatic Effects of Atmospheric Pollution, "in *Global Effects of Environmental Pollution*, ed. S. F. Singer (New York: Springer-Verlag, 1970), p. 137.

2. J. Murray Mitchell Jr., "Recent Secular Changes of Global Temperature, "*Annals of the New York Academy of Sciences* 95 (1961): 247.

3. SCEP (Study of Critical Environmental Problems), *Man's Impact on the Global Environment: Assessment and Recommendation for Action* (Cambridge, Mass.: MIT Press, 1970), pp. 18, 12.

4. Carroll L. Wilson and William H. Matthews, eds. , *Inadvertent Climate*

Modification: Report of Conference, Study of Man's Impact on Climate (SMIC), Stockholm (Cambridge, Mass. : MIT Press, 1971), pp. 17, 182, 129.

5. David A. Barrels and Reid A. Bryson, "Climatic Episodes and the Dating of the Mississippian Cultures, "*Wisconsin Archeologist* (Dec. 1965): 204.

6. Reid A. Bryson, "A Perspective on Climatic Change, "*Science* 184 (1974): 753-760；Reid A. Bryson et al., "The Character of Late-Glacial and Postglacial Climatic Changes (Symposium, 1968), "in *Pleistocene and Recent Environments of the Central Great Plains* (University of Kansas Department of Geology, Special Publication), ed. Wakefield Dort Jr. and J. Knox Jones Jr. (Lawrence: University Press of Kansas, 1970), p. 72；W. M. Wndland and Reid A. Bryson, "Dating Climatic Episodes of the Holocene, " *Quaternary Research* 4 (1974): 9-24.

7. Richard B. Alley, *The Two-Mile Time Machine* (Princeton, N. J.: Princeton University Press, 2000)；Paul A. Mayewski and Frank White, *The Ice Chronicles: The Quest to Understand Global Climate Change* (Hanover, N. H. : University Press of New England, 2002).

8. J. Murray Mitchell Jr., "The Natural Breakdown of the Present Interglacial and Its Possible Intervention by Human Activities, " *Quaternary Research* 2 (1972): 437-438.

9. W. Dansgaard et al., "Speculations about the Next Glaciation, " *Quaternary Research* 2 (1972): 396.

10. Johannes Weertman, "Stability of the Junction of an Ice Sheet and an Ice Shelf, "*J. Glaciology* 13 (1974): 3.

11. George J. Kukla and R. K. Matthews, "When Will the Present Interglacial End?"*Science* 178 (1972): 190-191.

12. Christian E. Junge, "Atmospheric Chemistry, " *Advances in Geophysics* 4

(1958): 95.

13. J. Murray Mitchell Jr., "A Preliminary Evaluation of Atmospheric Pollution as a Cause of the Global Temperature Fluctuation of the Past Century, "in *Global Effects of Environmental Pollution*, ed. S. Fred Singer (New York: Springer-Verlag. 1970), p. 153.

14. S. Ichtiaque Rasool and Stephen H. Schneider, "Atmospheric Carbon Dioxide and Aerosols: Effects of Large Increases on Global Climate, " *Science* 173 (1971): 238.

15. G. D. Robinson, "Review of Climate Models, "in *Man's Impact on the Climate* (Study of Critical Environmental Problems [SCEP] Report), ed. William H. Matthews et al. (Cambridge, Mass.: MIT Press, 1971), p. 214.

16. Mikhail I. Budyko, "The Effect of Solar Radiation Variations on the Climate of the Earth, " *Tellus* 21 (1969): 618.

17. William D. Sellers, "A Global Climatic Model Based on the Energy Balance of the Earth-Atmosphere System, " *J. Applied Meteorology* 8 (1969): 392.

18. Owen B. Toon et al., "Climatic Change on Mars and Earth, "in *Proceedings of the WMO/MMAP Symposium on Long-Term Climatic Fluctuations, Norwich, Aug. 1975* (WMO Doc. 421) (Geneva: World Meteorological Organization, 1975), p. 495.

第5章　公众警告

1. William A. Reiners, "Terrestriai Detritus and the Carbon Cycle, "in *Carbon and the Biosphere*, ed. George M. Woodwell and Erene V. Pecan (Washing-ton, D. C.: Atomic·Energy Commission [National Technical Information Service, CONF-7502510], 1973), p. 327.

2. Tom Alexander, "Ominous Changes in the World's Weather, " *Fortune,*

Feb. 1974, p. 92.

3. "Another Ice Age?"*Time*, 26 June 1974, p. 86.

4. G. S. Benton quoted in H. M. Schmeck Jr., "Scientist Sees Man's Activities Ruling Climate by 2000, " *New York Times*, 30 April1 970.

5. Lowell Ponte, *The Cooling* (Englewood Cliffs, N.J.: Prentice-Hall, 1976), pp. 234-235.

6. "The Weather Machine, "BBC-television and WNET, expanded in a book: Nigel Calder, *The Weather Machine* (New York: Viking, 1975), quote on p. 134.

7. John Gribbin, "Man's Influence Not Yet Felt by Climate, " *Nature* 264 (1976): 608; B. J. Mason, "Has the Weather Gone Mad?" *New Republic*, 30 July 1977, pp. 21-23.

8. Stephen H. Schneider with Lynne E. Mesirow, *The Genesis Strategy: Climate and Global Survival* (New York: Plenum Press, 1976), esp. chap. 3.

9. Gerald Stanhill, "Climate Change Science Is Now Big Science, " *Eos, Transactions of the American Geophysical Union* 80, no. 35 (1999): 396 (from graph).

10. Joseph Smagorinsky, "Numerical Simulation of the Global Circulation, "in *Global Circulation of the Atmosphere*, ed. G. A. Corby (London: Royal Meteorological Society, 1970), p. 33.

11. Wallace Broecker, interview by Weart, Nov. 1997, American Institute of Physics, College Park, Md.

12. R. H. Abelson, "Energy and Climate, " *Science* 197 (1977): 941.

13. "The World's Climate Is Getting Worse, " *Business Week*, 2 Aug. 1976, p. 49; "CO_2 Pollution May Change the Fuel Mix, " *Business Week*, 8 Aug. 1977, p. 25.

14. National Academy of Sciences, *Climate Research Board, Carbon Dioxide*

and Climate: A Scientific Assessment (Washington, D. C.: National Academy of Sciences, 1979), pp. 2, 3 (the Charney Report; Nicholas Wade, "CO_2 in Climate: Gloomsday Predictions Have No Fault, "*Science* 206 (1979): 912-913.

15. National Academy of Sciences, Committee on Atmospheric Sciences, Panel on Weather and Climate Modification, *Weather and Climate Modification: Problems and Prospects*, 2 vols. (Washington, D. C. : National Academy of Sciences, 1966), vol. 1, p. 11.

16. Eg., E. P. Stebbing, "The Encroaching Sahara: The Threat to the West African Colonies, " *Geographical J.* 85 (1935): 523.

17. Charles D. Keeling, "The Carbon Dioxide Cycle: Reservoir Models to Depict the Exchange of Atmospheric Carbon Dioxide with the Ocean and Land Plants, " in *Chemistry of the Lower Atmosphere*, ed. S. I. Rasool (New York: Plenum Press, 1973), p. 320.

18. Ibid. , p. 279.

19. George M. Woodwell, "The Carbon Dioxide Question, " *Scientific American*, Jan. 1978, p. 43.

20. Wallace S. Broecker et al., "Fate of Fossil Fuel Carbon Dioxide and the Global Carbon Budget, " *Science* 206 (1979): 409, 417.

21. Opinion Research Corporation polls, May 1981, USORC. 81MAY. R22, and April 1980, USORC. 80APR1. R3M. Data furnished by Roper Center for Public Opinion Research, Storrs, Conn.

第6章 反复无常的野兽

1. Ed Lorenz, address to the American Association for the Advancement of Science, Washington, D. C., 29 Dec. 1979.

2. James E. Hansen et al., "Climate Impact of Increasing Atmospheric

Carbon Dioxide, "*Science* 213 (1981): 961.

3. National Academy of Sciences, Climate Research Board, *Carbon Dioxide and Climate: A Scientific Assessment* (Washington, D. C.: National Academy of Sciences, 1979), p. 2.

4. Hansen, "Climate Impact, "p. 957; Roland A. Madden and V. Ramanathan, "Detecting Climate Change Due to Increasing Carbon Dioxide, " *Science* 209 (1980): 763-768.

5. Stephen H. Schneider, "Introduction to Climate Modeling, "in *Climate System Modeling*, ed. Kevin E. Trenberth (Cambridge: Cambridge University Press, 1992), p. 26.

6. Wallace S. Broecker, "Climatic Change: Are We on the Brink of a Pronounced Global Warming?" *Science* 189 (1975): 460-464.

7. Hans E. Suess, "Climatic Changes, Solar Activity, and the Cosmic-Ray Production Rate of Natural Radiocarbon, " *Meteorological Monographs* 8, no. 30 (1968): 146.

8. R. E. Dickinson, "Solar Variability and the Lower Atmosphere, "*Bulletin of the American Meteorological Society* 56 (1975): 1240-1248.

9. Eddy, interview by Weart, April 1999, American Institute of Physics, College Park, Md.

10. Raymond S. Bradley, *Quaternary Paleoclimatology: Methods of Paleoclimatic Reconstruction* (Boston: Allen and Unwin, 1985), p. 69.

11. J. -R. Petit quoted in Gabrielle Walker, "The Ice Man [Interview with Jean-Robert Petit], " *New Scientist*, 29 Jan. 2000, pp. 40-43.

12. National Academy of Sciences, United States Committee for the Global Atmospheric Research Program (GARP), *Understanding Climatic Change: A Program for Action* (Washington, D. C.: National Academy of Sciences, 1975), p. 4.

13. Kirk Bryan, "Climate and the Ocean Circulation. Ⅲ. The Ocean Model, " *Monthly Weather Review* 97 (1969): 822.

14. R. O. Reid et al., *Numerical Models of World Ocean Circulation* (Washington, D. C.: National Academy of Sciences, 1975), p. 3.

15. James E. Hansen et al., "Climate Response Times: Dependence on Climate Sensitivity and Ocean Mixing, " *Science* 229 (1985): 857-859.

16. W. Dansgaard et al., "A New Greenland Deep Ice Core, " *Science* 218 (1982): 1273.

17. U. Siegenthaler et al., "Lake Sediments as Continental Delta O^{18} Records from the Glacial/Post-Glacial Transition, " *Annals of Glaciology* 5 (1984): 149.

18. Broecker, "The Biggest Chill, " *Natural History*, Oct. 1987, pp. 74-82; Broecker et al., "Does the Ocean-Atmosphere System Have More Than One Stable Mode of Operation?" *Nature* 315 (1985): 21-25.

19. Broecker, "The Biggest Chill, " p. 82.

第7章　打入政界

1. Albert Gore Jr., *Earth in the Balance: Ecology and the Human Spirit* (Boston: Houghton Mifflin, 1992), pp. 4-6.

2. Robert G. Fleagle, "The U. S. Government Response to Global Change: Analysis and Appraisal, " *Climatic Change* 20 (1992): 72.

3. James E. Jensen, "An Unholy Trinity: Science, Politics and the Press" (unpublished talk), 1990.

4. Walter Sullivan, "Study Finds Warming Trend That Could Raise Sea Level, " *New York Times*, 22 Aug. 1981, p. 1, and "Heating Up the Atmosphere, " 29 Aug. 1981, p. 22.

5. National Academy of Sciences, Carbon Dioxide Assessment Committee,

Changing Climate (Washington, D. C.: National Academy of Sciences, 1983), p. 3.

6. Stephen Seidel and Dale Keyes, *Can We Delay a Greenhouse Warming?* 2nd ed. (Washington, D. C.: Environmental Protection Agency, 1983), pp. ix, 7 (of sect. 7); *New York Times*, 18 Oct. 1983, p. 1.

7. Bert Bolin et al., eds., *The Greenhouse Effect, Climatic Change, and Ecosystems* (SCOPE Report No. 29) (Chichester and New York: John Wiley, 1986), pp. xx-xxi.

8. Jonathan Weiner, *The Next One Hundred Years: Shaping the Fate of Our Living Earth* (New York: Bantam, 1990), p. 79.

9. Stephen H. Schneider, "An International Program on'Global Change': Can It Endure?"*Climatic Change* 10 (1987): 215.

10. Michael McElroy quoted in Andrew C. Revkin, "Endless Summer: Living with the Greenhouse Effect, "*Discover*, Oct. 1988, p. 61.

11. Philip Shabecoff, "Global Warming Has Begun, Expert Tells Senate, " *New York Times*, 24 June 1988, p. 1.

12. Spencer R. Weart, *Never at War: Why Democracies Will Not Fight One Another* (New Haven: University Press, 1998), p. 265.

第8章　向权力讲授科学

1. Published surveys include Stanley A. Chagnon et al., "Shifts in Perception of Climate Change: A Delphi Experiment Revisited, " *Bulletin of the American Meteorological Society* 73, no. 10 (1992): 1623-1627, and David H. Slade, "A Survey of Informal Opinion Regarding the Nature and Reality of a 'Global Greenhouse Warming', " *Climatic Change* 16 (1990): 1-4.

2. Frederick Seitz, ed., *Global Warming Update: Recent Scientific Findings*

(Washington, D. C.: George C. Marshall Institute, 1992), p. 28.

3. L. Roberts, "Global Warming: Blaming the Sun, " *Science* 246 (1989): 992-993.

4. Robert Lichter, "A Study of National Media Coverage of Global Climate Change, 1985-1991" (Washington, D. C.: Center for Science, Technology and Media, 1992).

5. Philip Shabecoff, "Bush Denies Putting Off Action on Averting Global Climate Shift, "*New York Times*, 19 April 1990, p. B4.

6. Tom M. L. Wigley, "Outlook Becoming Hazier, " *Nature* 369 (1994): 709-710.

7. This preliminary version was quoted in the press; the final phrasing was: "The observed warming trend is unlikely to be completely natural in origin. "Intergovernmental Panel on Climate Change, *Climate Change 1995: The Science of Climate Change,* ed. J. T. Houghton et al. (Cambridge: Cambridge University Press, 1996), p. 22. This and other IPCC reports cited in notes below may be found at www.ipcc. ch.

8. Richard A. Kerr, "It's Official: First Glimmer of Greenhouse Wanning Seen, " *Science* 270 (1995): 1565-1567.

9. T. M. L. Wigley and P. M. Kelly, "Holocene Climatic Change, [14]C Wiggles and Variations in Solar Irradiance, "*Philosophical Transactions of the Royal Society of London* A330 (1990): 558.

10. Intergovernmental Panel, *Summary for Policymakers. The Regional Impacts of Climate Change: An Assessment of Vulnerability. A Special Report of IPCC Working Group II* , ed. R. T. Watson et al. (Cambridge: Cambridge University Press, 1997), p. 6.

11. Wallace S. Broecker, "Thermohaline Circulation, the Achilles Heel of Our Climate System: Will Man-Made CO_2 Upset the Current Balance?"

Science 278 (1997): 1582-1588.

12. National Academy of Sciences, Committee on Abrupt Climate Change, *Abrupt Climate Change: Inevitable Surprises* (Washington, D. C.: National Academy of Sciences, 2002), pp. 16, 121；Intergovernmental Panel, *Climate Change 1995,* p. 7.

第9章 工作的终点……也是起点

1. Philip Shabecoff, "Draft Report on Global Warming Foresees Environmental Havoc in U. S., " *New York Times*, 20 Oct. 1988, reporting on draft of U. S. Environmental Protection Agency, *The Potential Effects of Global Climate Change on the United States* (EPA-230-5-89-050) (Washington, D. C.: Environmental Protection Agency, 1989).

2. Hans Joachim Schellnhuber, quoted in Walter Gibbs and SarahLyall, "Gore Shares Peace Prize for Climate Change Work, " *New York Times*, 13 Oct. 2007.

3. Intergovernmental Panel on Climate Change, *Climate Change 2001: The Scientific Basis. Contribution of Working Group I to the Third Assessment Report of the IPCC*, ed. J. T. Houghton et al. (Cambridge: Cambridge University Press, 2001).

4. John Browne, speech at Stanford University, 19 May 1997, at www.gsb. stanford.edu/community/bmag/sbsm0997/feature_ranks.html.

5. Jaclyn Marisa Dispensa and Robert J. Brulle, "Media's Social Construction of Environmental Issues: Focus on Global Warming—A Comparative Study, "*International J. of Sociology and Social Policy* 23 (2003): 74.

6. Sydney Levitus et al, "Anthropogenic Warming of Earth's Climate System, " *Science* 292 (2001): 267-270.

7. The best series of polls are from Gallup (subscription required)and the Pew Research Center for the & People the Press. Many other national and international polls may be found by searching the Internet.

8. John Immerwahr, *Waiting for a Signal: Public Attitudes toward Global Warming, the Environment and Geophysical Research* (New York: Public Agenda, 1999), online at http: //Earth. agu. org/sci_soc/sci_soc. html; summary in Randy Showstock, "Report Suggests Some Public Attitudes about Geophysical and Environmental Issues, " *Eos, Transactions of the American Geophysical Union 80*, no. 24 (1999): 269, 276.

9. Wallace S. Broecker, "Future Global Warming Scenarios1" (letter), *Science* 304 (2004): 388.

10. *Time*, 3 Oct. 2006, front cover; Andrew Revkin, "Meltdown, " *New York Times*, 23 April 2006 (Week in Review).

11. "Global Warming, " *Business Week,* 18 Dec. 2006, p. 102.

12. Jeffrey Ball, "New Consensus: In Climate Controversy, Industry Cedes Ground, "*Wall Street Journal,* 23 Jan. 2007, p. 1.

13. Sergei Kirpotin quoted in Fred Pearce, "Climate Wanning as Siberia Melts, "*New Scientist*, 13 Aug. 2005, p. 12.

14. Robert Bindschadler quoted in Larry Rohter, "Antarctica, Warming, Looks More Vulnerable, " *New York Times*, 25 Jan. 2005, sec. D.

15. Intergovernmental Panel, *Climate Change 2007: The Physical Basis of Climate Change. Contribution of Working Group I to the Fourth Assessment Report of the IPCC*, ed. Susan Solomon et al. (Cambridge: Cambridge University Press, 2007), pp. 10, 13.

16. A. Barrie Pittock, "Are Scientists Underestimating Climate Change?" *Eos, Transactions of the American Geophysical Union* 87 (2006): 340.

17. Intergovernmental Panel, "Draft Summary for Policymakers, " ed. Lenny

Bernstein et al., pp. 1-23 in *Climate Change 2007: Synthesis Report of the Intergovernmental Panel on Climate Change Fourth Assessment Report* (Cambridge: Cambridge University Press 2007), pp. 12-13.

18. Nicholas Stern, *The Economics of Climate Change: The Stern Review* (Cambridge: Cambridge University Press and HM Treasury, 2006), p. 3; online at www.hm-treasury.gov.uk/independent_reviews/stern_review_ economics_climate_change/stern_review_report.cfm.

第10章　反思

1. The bibliography is at www.aip.org/history/climate/bib.htm.

2. Intergovernmental Panel on Climate Change, *Climate Change 2007: The Physical Basis of Climate Change. Contribution of Working Group I to the Fourth Assessment Report of the IPCC*, ed. Susan Solomon et al. (Cambridge: Cambridge University Press, 2007).

译后记

科学界对全球气候变化的探索已经有了 200 年的历史；自 1859 年人们发现二氧化碳是温室气体以来，也已经过去了 160 多年。少数人，在任何效果彰显之前，就得以理解一个严重的问题，这无疑是人类智能史上的伟大进步。

沃特教授的这本书，把人类推想、探索和发现全球变暖的历程娓娓道来，被誉为回顾气候变化科学历史的最佳著作。由于涉及因素错综复杂，对这个问题的探索，推动了科学家们从多学科、多角度以及正反方面进行研究；这非常能够启发我们全面地看待、思考问题。

"杞国有人，忧天地崩坠，身亡所寄，废寝食者。"两千多年之后，我们恍然惊觉：杞人忧天，表现了强烈的忧患意识，忧得有理——除了不可控的自然灾害可能给人类造成巨大损失，人类对自然的过度索取和恣意排放，也已经严重地威胁到现代人和子孙后代的生存与发展。

"全球气候变化是人类迄今面临的最重大、最严峻的全球环境问题"，它正在极大地影响我们的生活。政府和环保团体呼吁我们行动起来，节能减排。各国政府的谈判则步履维艰，甚至出现激烈的"对决"场面。

荀子曾说："天行有常，不为尧存，不为桀亡。应之以治则吉，应之以乱则凶。强本而节用，则天不能贫；养备而动时，则天不能病；循道而不贰，则天不能祸。"古代的智慧和现代的科学，可以作为我们生存的指南——我们应该以正确的方式对待大自然。

全球变暖是人类面对的严重问题，相关报道也充斥于媒体。对大众读者进行这方面知识的普及，就显得十分必要。译者希望本书的出版能够促进我国相关研究人员和大众读者的科学认识。

本书的翻译，承蒙自然资源部第三海洋研究所余兴光、吴日升、陈立奇诸位先生的关心与支持。本书作者沃特教授对译者提出的问题进行了耐心解答，并慷慨地提供了电子稿方面的帮助。美国国家海洋与大气管理局国家海洋服务局国际项目办公室主任克莱门特·柳西（Clement Lewsey）先生与乔纳森·尤斯蒂（Jonathan Justi）先生在第一时间馈赠本书的原版，并提供了可贵的帮助。厦门大学海洋与环境学院陈志刚老师，自然资源部第三海洋研究所的周秋麟教授、高众勇研究员对本书的翻译提出了宝贵意见。厦门大学化学系周婷、法学院钱小敏同学翻译、整理了部分内容。厦门市鹏力清环保科技发展有限公司咨询师张伟、厦门大学陈兰、柯秋梦、何鼎顺、钟星杰同学也对译文进行了修改。

由于译者水平所限，译本中的错误或者不恰当的地方在

所难免，希望读者不吝赐教，提出反馈，请发送电子邮件至
lihusea@pku.org.cn，以便译者在以后进行修订。

李虎

2022 年 6 月

于自然资源部第三海洋研究所